深度学习架构与实践

鲁远耀　编著

机械工业出版社

本书讲述了深度学习架构与实践，共分为两个部分，第 1 部分（即第 1~6 章）为基础理论，主要对深度学习的理论知识进行了详细的讲解；第 2 部分（即第 7~12 章）为应用实践，以具体的实际案例为场景，通过理论和实践相结合的讲解方式使读者能够对深度学习技术有更好的理解。本书可以为读者提供一条轻松、快速入门深度学习的路径，有侧重地阐明深度学习的经典知识和核心要点，从架构和实践两个方面，让读者对深度学习的系统架构和若干领域的应用实践有清晰和深入的掌握。

　　本书适合计算机软件相关专业的高年级本科生或研究生，以及所有想要学习深度学习或从事计算机视觉算法开发的读者阅读。

图书在版编目（CIP）数据

深度学习架构与实践/鲁远耀编著 . —北京：机械工业出版社，2021. 6
（深度学习系列）
ISBN 978-7-111-67979-0

Ⅰ . ①深…　Ⅱ . ①鲁…　Ⅲ . ①机器学习　Ⅳ . ①TP181

中国版本图书馆 CIP 数据核字（2021）第 062568 号

机械工业出版社（北京市百万庄大街 22 号　邮政编码 100037）
策划编辑：江婧婧　责任编辑：江婧婧　杨　琼
责任校对：王　欣　封面设计：鞠　杨
责任印制：张　博
中教科（保定）印刷股份有限公司印刷
2021 年 7 月第 1 版第 1 次印刷
169mm ×239mm · 16 印张 · 311 千字
0 001—1 900 册
标准书号：ISBN 978-7-111-67979-0
定价：89.00 元

电话服务　　　　　　　　　　　网络服务
客服电话：010 – 88361066　　机 工 官 网：www.cmpbook.com
　　　　　010 – 88379833　　机 工 官 博：weibo. com/cmp1952
　　　　　010 – 68326294　　金 书 网：www. golden – book. com
机工教育服务网：www. cmpedu. com

前　言

随着谷歌的 AlphaGo、IBM 的 Watson 和百度的 Apollo 等人工智能产品的相继问世，人工智能成为大家热烈讨论的焦点话题。深度学习作为人工智能的核心技术之一，在学术界与工业界的积极推动之下，在计算机视觉、语音识别和自然语言处理等诸多领域得到了广泛的应用。

本书共分为两个部分。第一部分为 1～6 章，为基础理论，主要对深度学习的理论知识进行了详细的讲解，包括深度学习的发展历史以及研究现状、深度学习常用的相关数学基础，同时还对神经网络的架构、卷积神经网络、循环神经网络、生成对抗网络的理论基础进行了详细的讲解。第二部分为 7～12 章，为应用实践，主要是对深度学习中常用的 Python 库、深度学习框架进行了讲解，同时还对手写数字识别实例、自动生成图像描述实例、唇语识别实例进行了具体的代码实现。本书主要是以具体的实际案例为背景，通过理论和实践相结合的方式力求使读者能够对深度学习技术有更好的理解。

本书最大的特点是通过实际案例，深入浅出地对深度学习技术进行了详细的讲解，同时还结合了 Caffe 和 TensorFlow 的代码来对各种经典的神经网络模型进行了具体实现，读者可以通过运行各个应用案例的程序代码和实验数据，检验其演示效果。

为了能够完全理解并掌握本书的内容，读者所需具备的背景知识和基本能力包括：了解编程、能够读写代码。由于本书的代码示例、第三方库、包都是基于 Python 语言的，所以本书主要适用于有一定 Python 语言基础的读者。除了编程背景，懂得相关数学、统计的知识将有助于掌握本书的内容。相关的数学知识包括大学本科水平的微积分学（如求导）、线性代数知识矩阵符号的意义、矩阵相乘、求逆矩阵。这些知识主要是帮助读者理解一些算法中的求导部分，很多情况下就是一个简单函数的求导或基本的矩阵操作。能够理解概念层面上的数学计算将有助于对算法的理解。明白推导各步的由来有助于理解算法的强项和弱项，也帮助读者在面对具体的问题时，决定选择使用哪个方法。总而言之，本书适用于具有一定高等数学基础的理工科本科生或研究生，以及所有想要学习深度学习的读者和想要从事计算机视觉算法开发的技术人员。

IV

本书由鲁远耀主笔编写，同时姜海洋、史鑫、温静、杨棽尧、李可心、徐征、栗冬杰、肖琦、李宏波、何杉参与了本书的整理工作。

策划编辑江婧婧为本书的顺利出版做出了重要贡献，在此表示深深的感谢。

最后，我们要感谢从事深度学习相关工作的专家、学者以及研究人员和工程师，本书的完成离不开他们的研究工作。同时，我们还要感谢在图书或网站上公开有用信息的各位同仁。

由于我们的水平有限，本书在内容取材和结构编排上难免有不妥之处，望读者不吝赐教，提出宝贵的批评和建议，我们将不胜感激。

编　者
2021 年 3 月

目　　录

绪　　论

AlphaGo 大战

人工智能元年：在 2016 年以前，要说中国最热门的专业是什么，一定是机器人，不论是中国制造 2025，还是工业 4.0，无不涉及机器人。可是到了 2016 年以后，在中国最热门的专业变成了人工智能，为什么会转变如此迅速呢？因为在 2016 年发生了一件在人工智能历史上具有里程碑意义的事件——AlphaGo 与李世石的围棋人机大战，因此有人称 2016 年为人工智能元年。虽然 2016 年是否可以被称为人工智能元年有待商榷，但这至少可以说明 AlphaGo 战胜李世石的重要性。图 0-1 显示的是 AlphaGo 围棋机器人。

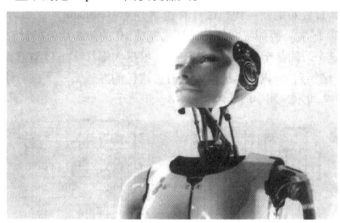

图 0-1　AlphaGo 围棋机器人

人机大战发生了什么

2016 年 3 月 9 日~3 月 15 日，由谷歌（Google）旗下 DeepMind 公司开发的人工智能程序——AlphaGo 与当时世界顶尖的围棋选手李世石在韩国首尔进行了 5 盘围棋比赛，最终 AlphaGo 以总比分 4 比 1 的成绩战胜了李世石。

事实上，早在 1997 年 IBM 公司的"深蓝"计算机系统就以 2 胜 3 平 1 负的战绩战胜了当时世界排名第一的国际象棋选手加里·卡斯帕罗夫。那么为什么AlphaGo 的出现会如此的振奋人心呢？

同样是战胜了棋类世界冠军，两代人工智能最重要的差别在于：深蓝是专注于国际象棋，它是以暴力穷举为基础的特定用途的人工智能；而 AlphaGo 是几乎没有特定领域知识的，是基于机器学习的高度通用的人工智能。

AlphaGo 战胜人类有多难

首先，人类拥有一种看不见摸不着的东西——直觉。围棋常常是靠直觉完成落子的，而计算机是不可能拥有直觉的。

那么围棋可不可以用暴力穷举的方法设计下棋方法呢？我们知道所谓穷举，也叫枚举，就是将所有可能落子的方案预先全部运算出来。对于计算机而言，它本身擅长计算，所以穷举法对于计算机来讲具有天生的优势。

通过观察围棋棋盘可以看出，其由 19 条横线和 19 条竖线构成，棋子落于横竖线的交叉点上，所以棋子可放置的位置共有 361 个。那么，第一步有 361 种选择，第二步有 360 种选择，以后的情况大致如此。我们就以 361 为界，那么变化数是 361！，约为 10 的 768 次方。我们再看看现在计算能力最强的计算机——美国能源部下属橡树岭国家实验室（Oak Ridge National Laboratory，ORNL）于 2018 年 6 月 8 日发布的新一代超级计算机"顶点（Summit）"，其浮点运算速度峰值达每秒 20 亿次。假如我们用此计算机完成 10 的 768 次方的计算，大约需要 1076 亿年。这个时间甚至长于宇宙的年龄（根据大爆炸宇宙模型推算，宇宙年龄大约为 138.2 亿年），所以计算机也无法通过这样的方式完成下棋。计算机下围棋模型 a 如图 0-2 所示，图中的 $d=1$ 表示第一步落子，$d=2$ 表示第二步落子。

$d=1$ $d=2$

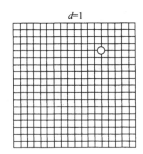 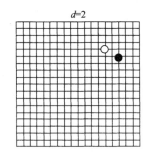

图 0-2　计算机下围棋模型 a

如何决定下一步是最优的，最原始的做法如图 0-3 所示。首先是对每一步可能的落子进行推演，然后统计每一步落子后推演获胜的概率，最后选取获胜概率最大的落子。

由图 0-3 下棋的方式可以看出，计算机通过暴力穷举法战胜人类并不能实现。

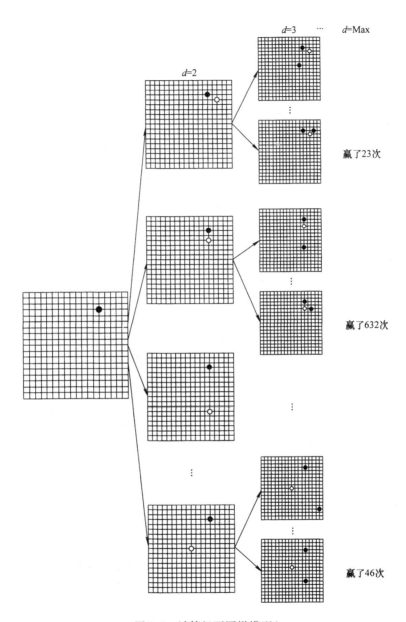

图 0-3 计算机下围棋模型 b

AlphaGo 的运算机制

那么在计算机也无法拥有直觉,且在穷举法无法完成的情况下,如何才能使计算机的棋技超过人类呢?或者说如何优化算法呢?

人类是如何拥有直觉的呢？人类下棋的直觉是通过无数次下棋，积累经验，最终总结出来的。计算机虽然无法拥有直觉，但是可以相对容易地学习人类的下棋规律，从这些对局中积累经验，从而可以得出哪些地方落子会有更大的获胜概率。

优秀的棋手在下棋时也无法计算出所有可能出现的结果（即人脑的计算量无法用穷举法），那么优秀的棋手是如何下棋的呢？优秀的棋手在下棋时能够预测出接下来的 2~3 步可能的棋局结果，且预测步数的多少和准确性对棋局的走势有直接的影响。所以按照这种方法，落子前计算机只需要预测接下来几步的落子情况，并对这些结果进行评估，从中挑选出胜算概率最大的落子位置进行落子。AlphaGo 就是采用了这样的设计思路，由于计算机下围棋是无法用穷举法实现的，因此需要降低其搜索的深度和广度，图 0-4 给出了围棋模型的深度和广度示意图。

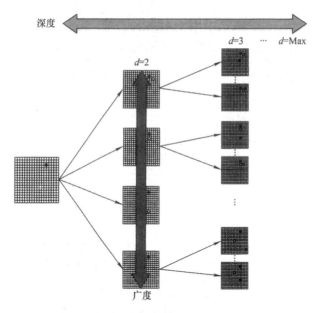

图 0-4　围棋模型的深度和广度示意图

降低搜索广度即去掉图 0-5 中 $d=2$ 中的胜算概率较低的臭棋。

降低搜索深度即减少图 0-6 中 $d=$ Max 的数量。通过这两种方法可以加快棋局推演的速度，从而减少没有价值的遍历次数。

AlphaGo 是如何实现的

构建两种专家模型：落子预测器（Move Picker）＋棋局价值评估器（Posi-

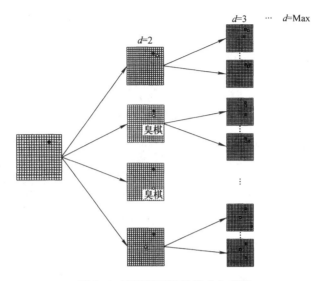

图 0-5　围棋模型降低搜索广度图

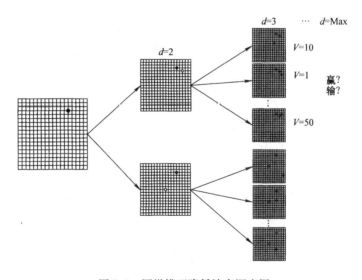

图 0-6　围棋模型降低搜索深度图

tion Evaluator)。图 0-7 给出了 AlphaGo 所用的两种专家模型示意图。

图 0-7 中的落子预测器也被称为策略网络（Policy Network），棋局价值评估器也被称为价值网络（Value Network），这两种网络的示意图如图 0-8 所示。

（1）落子预测器

落子预测器也被称为 AlphaGo 的第一神经网络大脑，该网络大脑通过蒙特卡洛搜索树方法对棋局进行推演，从而找到最终获胜的下棋路径。然后该算法再对

6

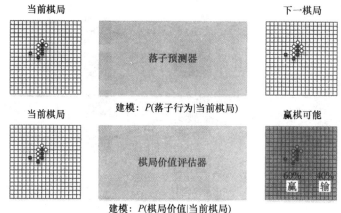

图 0-7　AlphaGo 所用的两种专家模型示意图

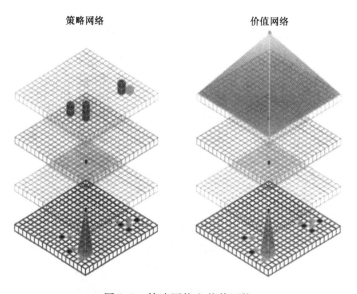

图 0-8　策略网络和价值网络

每一步棋子的落子方案进行回溯，从而使机器记住这样的落子方案，于是机器在之后遇到相同的棋局时选择获胜的方案概率就会大大增加。

（2）棋局价值评估器

棋局价值评估器也被称为 AlphaGo 的第二神经网络大脑，与第一神经网络大脑相比，该网络对棋手下一步具体在哪里落子并不关心，它是从棋局整体局面出发，来判断每一个棋手赢棋的可能性，从而来辅助第一神经网络大脑。

AlphaGo 的模型原理图如图 0-9 所示，其使用了蒙特卡洛搜索树（蒙特卡洛方法是一种通过采样的方式来快速估算的常用机器学习算法）+ 策略网络 + 价值网络共同作用。

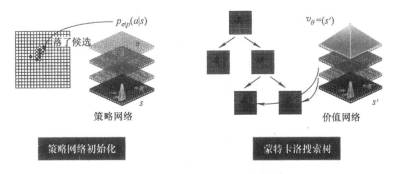

图 0-9　AlphaGo 的模型原理图

所以简单地讲就是，AlphaGo 在每一步下棋时，首先对策略网络推荐的几个着棋点进行搜索，以降低搜索广度；再对这些推荐的着棋点，使用价值网络评估，减少搜索深度（因此为大约每次搜索 20 步后的情况），从而决定最佳落子点。

第1章　深度学习的架构

1.1　如何区分人工智能、机器学习、深度学习

1.1.1　人工智能：从概念提出到走向繁荣

　　1956 年的达特茅斯会议上，"人工智能"的概念被几名计算机科学家提出，当时的科学家们致力于能够创造出具有和人类智慧同样本质特性的机器，并将当时刚刚诞生的计算机作为工具为之不懈努力。从此之后，"人工智能"这个名词就开始反复出现在人们眼中，与此同时，科学家们也持续聚焦于这个领域。但从1956 年往后的数十年中，外界对它的评价始终有好有坏，它既被一群人称作人类文明耀眼未来的预言，又同时被另一群人当成技术疯子的狂想而弃如敝履，这种情况一直持续至 2012 年[1]。2012 年以后，得益于数据量的上涨、运算力的提升和深度学习的出现，其持续扩大的研究领域几乎包含了社会的各个层面，图 1-1 展

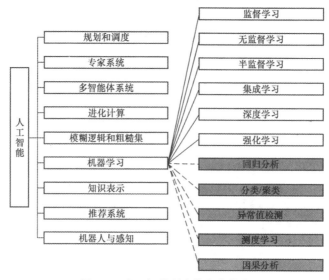

图 1-1　人工智能研究的各个分支

示了人工智能研究的各个分支，包括自然语言处理、推荐系统、专家系统、机器学习、进化计算、模糊逻辑、计算机视觉等[1]。

1.1.2 机器学习：一种实现人工智能的方法

机器学习通过"训练"大量数据，然后采用各种算法从这些数据中学习怎样达成目标要求。机器学习能够通过处理一系列数据，最终达到决策和预测事件的目的。这与以往传统软件程序截然不同，传统程序往往只为解决特定的程序[1]。

在学习方法上，机器学习算法可以分为有监督学习、无监督学习、半监督学习、强化学习、集成学习和深度学习等。

机器学习起源于人工智能，聚类、决策树、支持向量机、贝叶斯分类等是典型的传统算法。近些年来，传统的机器学习算法已经应用于多个实际领域，并熟练运用在诸如物体检测、人脸检测、指纹识别等商业领域中。可是随着技术愈发成熟，它的发展也变得异常困难，直至深度学习的诞生打破了这种局面。

机器学习看似与普通人毫无联系，但实际上我们每天在进行的网购就与其相关。用户在网购时，常常会出现推荐商品信息，这正是用户的收藏清单和之前的购物记录起了作用，网页根据这些信息从海量商品中分辨出哪些是用户愿意为之付款的心仪产品，这是一种鼓励产品消费的方法，利用这种决策模型，能够促进商家的销售量大幅上涨[1]。

1.1.3 深度学习：一种实现机器学习的技术

从根本上来说，深度学习不是一种独立的学习方法，深度神经网络的训练有时候也会使用到无监督或有监督的学习方法。然而随着深度学习的发展，一些特有的学习手段陆续被提出，越来越多的人将深度学习单独看作一种学习方法。

而与深度学习密切相关的深度神经网络其实并非一个全新的概念，可以将它看成是一个包含多个隐含层的神经网络结构。通过对神经元的连接方法和激活函数等方面做出适当的调整，从而提高整个深度神经网络的训练效果。在这个思想的基础上早年间曾出现过不少的训练想法，但由于当时训练数据量的不足以及计算能力的落后，这些客观原因致使最终的效果并不如意[1]。

随着近些年计算机技术的飞速发展，早年制约深度学习的种种问题得以解决，深度学习实现了种种看似不可能的任务，似乎"人工智能"正在真正地向我们走来。

1.1.4 人工智能、机器学习和深度学习的关系

人工智能、机器学习和深度学习这三者的范围是逐步缩小的，如图1-2所示，利用一个同心圆，能够让我们直观地看出它们三者之间的关系。

10

现在有一种流传甚广的说法，即"深度学习最终可能会淘汰掉其他所有机器学习算法"。这一方面是由于当下传统的机器学习方法在自然语言处理、计算机视觉等领域的应用还远远不如深度学习，另一方面也在于深度学习深受媒体喜爱，大量夸大的报道使深度学习的热度水涨船高。但深度学习目前的发展还远远未达到终点，它最终是否可以淘汰掉其他所有机器学习算法还需要时间的验证[1]。

图 1-2　人工智能、机器学习和
深度学习的关系

1.2　深度学习的发展历史及研究现状

1.2.1　深度学习的发展历史

生物中的神经网络的研究对深度学习的出现起到很大的作用。20 世纪 60 年代，随着神经科学对人脑结构研究的深入，计算机科学家从中获得启发，人工神经网络被提出用于模拟人脑处理数据的流程，以此试图让机器也具有类似于人一样的智能。其中最著名的学习算法称为感知机，但当时提出的感知机模型并不包含隐含层单元，只具有两层结构，输入是人工预先选择好的特征，因此局限于学习具有固定特征的线性函数，对于非线性分类问题一筹莫展。这一局限被提出后，神经网络的研究一度陷入低谷，直到在 20 世纪 80 年代中期反向传播（Back Propagation，BP）算法的提出，打开了多层隐含层结构的神经网络模型的学习途径，神经网络的寒冬才被驱散[2]。

隐含层单元的增加，从表达力层面来讲，比两层结构的感知机更加机动充盈。然而，多层神经网络虽能够构建更复杂的数学模型，但模型学习的难度同时也提高了。尤其需要注意的是在使用 BP 算法训练时，如果网络模型中隐含层过多，往往会使结果陷入局部最小值。除此之外，梯度衰竭等也是 BP 算法需要解决的问题[2]。种种局限性使 BP 算法在面对隐含层数量较多的深度神经网络时，训练达不到预期的效果。

截至 2006 年，浅层架构（Shallow – structured）是大多数机器学习的研究热点，这种架构上缺乏自适应非线性特征的多层结构，只包含了一层典型的非线性特征变换。如隐马尔可夫模型（Hidden Markov Model，HMM）、线性或非线性动态系统、最大熵（Max – Entropy）模型、支持向量机（Support Vector Machine，SVM）、逻辑回归、条件随机场（Conditional Random Field，CRF）、内核回归和具有单层隐含层的多层感知机（Multilayer Perceptron，MLP）神经网络。浅层架构在许多简单或受限问题中成效尚可，但由于本身的有限建模与表现能力，浅层架构在处理自然信号和现实问题，如人的讲话，自然的声音、图像和视觉场景等时，仍有不小的困难[3]。

在实际处理目标分类问题时，这些目标或许是文档、图像、音频等，需要解决的一个问题是将要处理的目标用数据的形式表达出来。对于解决一个实际问题来说，某一目标的表示选取什么特征是十分重要的。但若想通过人为去选取特征，时间和劳动成本会很高[4]。那么，我们能不能研究出一种自动学习的算法去解决这个问题呢？这时，深度学习（Deep Learning）就诞生了，从它的另一个名字——"无监督的特征学习（Unsupervised Feature Learning）"中的"无监督"这个叫法，我们就能看出来这种特征学习是自动的、无人为参与的方法[3]。

我们常听到的深度学习，即深度结构的学习。在 2006 年左右，这个概念由 Geoffrey 等人在发表的"Reducing the dimensionality of data with neural networks"文章中首次提出，自此在机器学习研究中开始作为一个新兴的领域出现，并很快掀起了学术界和工业界的浪潮。他们提出了两个观点：1）具有多隐含层的人工神经网络有着更好的特征学习能力，获得的特征对数据有更本质的刻画，更方便分类和可视化；2）"逐层初始化"能够很好地降低深度神经网络在训练上的难度。在这篇文章中，通过无监督学习来实现逐层初始化[3]。

深度学习作为机器学习的一个子分支，自然也是通向人工智能的途径之一。通俗来讲，深度学习是一种能够使计算机系统借助经验和数据，学习事件的潜在规律的技术。机器学习作为唯一切实可行的方法，能够构建出人工智能系统，并使其在复杂的实际环境下运行。而深度学习是一种特定类型的机器学习，同样具有强大的能量，甚至可以将自然界的万物用嵌套的层次概念体系表示出来，这种表示方式是由较简单概念间的联系定义复杂概念，由一般抽象概括到高级抽象[4]。图 1-3 说明了这些不同的人工智能学科之间的关系。深度学习既是一种表征学习，也是一种机器学习，可以用于许多（但不是全部）人工智能方法。维恩图的每个部分包括一个人工智能技术的实例。

1.2.2 深度学习的研究现状

深层神经网络算法的研究过程其实不尽如人意。对于隐含层二层或三层的神经网络虽能取得较好的实验结果，但当面对含有更多隐含层的神经网络时，训练结果却很难令人满意。

训练深度神经网络一直处于很困难的状况下，直至在无监督预训练出现之前

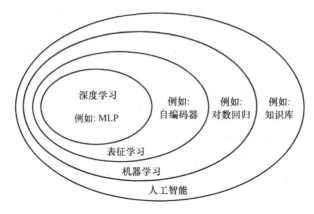

图 1-3　人工智能学科维恩图

这种状况都一直存在，而卷积神经网络却是一个特殊的存在。同样从人体结构——视觉系统中受启发而产生，1980 年，Fukushima 在神经认知机中提出第一个卷积神经网络（Convolutional Neural Network，CNN），在此之后，LeCun 等人在此基础上改进了算法，他们在 1989 年和 1998 年分别用误差梯度设计并训练 CNN，使得算法在某些模式识别任务上有更加出色的表现[4]。

2000 年，Hinton 提出了对比散度（Contrastive Divergence，CD）的学习算法，该算法采用了一个近似概率分布的差异度量对比散度，在学习时十分高效[6]。

2006 年，Hinton 提出了深度信念网（Deep Belief Net，DBN）模型及其无监督学习算法——基于层叠的受限玻尔兹曼机（Restricted Boltzmann Machine，RBM）深度信念网的学习算法。它将一个深度学习网络模型视为由许多 RBM 堆叠而成，然后无监督地由低到高一步一步训练这些 RBM，且 CD 算法还可以将各 RBM 单独训练。这样一来，对于整体网络的训练过程就直接绕过了整体训练的高度复杂性，变成了对多个 RBM 的训练学习的问题。通过这种方法训练而成的网络，底层全是向下的连接方向，而顶层则是无方向连接。接下来再用神经网络的学习算法对网络参数进行微调，使整个网络收敛至局部最优点。前后者的联合处理，是我们利用 RBM 算法先获得较优的初始，随后再进行传统训练，如此一来，就获得了不错的初始参数值和最终效果较好的参数值[7]。

2008 年，随机极大似然（Stochastic Maximum Likelihood，SML）算法被 Tieleman 提出，又称连续对比散度（Persistent Contrastive Divergence，PCD）算法，此算法之所以重要是在于它保证了极大似然数学习的同时还修正了 CD 算法极大似然度的缺点，比原来的 CD 算法更加高效。

2009 年，Tieleman 又对 PCD 算法进行了改进，添加了多一组的参数辅助学习，即马尔可夫链蒙特卡洛（Markov Chain Monte Carlo，MCMC）采样[7]。

2009～2010 年，计算机科学家们提出了很多基于回火的 MCMC 算法，如回火转移（Tempered Transition）算法、模拟回火（Simulated Tempering）算法、并行回火（Parallel Tempering）算法等[7]。

除此之外，在实际应用中，深度学习也做出了举足轻重的贡献。李春林等人提出了一种深度学习网络的设计方法，这种方法结合了网络数据的特点，针对的是如何将深度学习应用到网络入侵检测中以提高入侵检测准确率的问题，并且后续在此基础上提出一种基于深度学习的入侵检测方法。余永维等人提出一种利用深度学习网络来实现的智能识别方法，此算法用于解决建立射线无损检测智能化信息处理平台的需求。王宪保等人训练获取网络的初始权值，根据样本特征建立深度置信网络，提出了一种基于深度学习的太阳能电池片表面缺陷检测方法[7]。

1.3 深度学习的基本内容及理论基础

1.3.1 深度学习的基本内容

深度学习作为机器学习的一个分支，能够通过逐层学习从原始数据中获取到更加抽象的特征，有效改善了过去人工设计的特征的诸多缺点。

2006 年，深度学习的概念由 Hinton 等人首次提出，自此之后，深度学习取得了辉煌的成就，应用广泛，涵盖了语音识别、图像识别、计算机视觉和物体检测等多个领域。

深度学习的出现不仅使计算硬件成本显著降低，同时又大幅度地提升了芯片处理能力。这两个重要的原因使得深度学习广受欢迎，成为如今研究应用中的热门研究对象。

深度学习有比较常见的四种定义，可以帮助我们理解深度学习的主要研究内容和研究方法：

1）深度学习是机器学习技术，非线性的多层信息处理方法被深度学习技术运用于特征提取或变换，从而进行模式分析分类。

2）深度学习是一个机器学习子门类，是用于学习和建模数据间的复杂关系的多级表示。特征的层次结构之所以被称为深度架构，是因为高级特征和概念是根据低级特征定义的。

3）深度学习是一个机器学习的子领域，围绕着学习多级表示，其中高级概念被低级概念定义，同一级别的高级概念之间也会相互影响，有助于彼此定义。此外，观察量可以被很多方式表示，但其中某些表示方式可以使输入中的候选区域的学习更加简单，因此，深度学习的研究始终在尝试创造及学习更好的表示方式。

14

4）深度学习是机器学习新的研究领域，初衷是想让机器学习能与人工智能更接近。特征的多级表示和抽象作为深度学习的主要学习对象，应该有助于数据，如语音、图像等变得更加有意义[8]。深度学习采用的训练过程是：

① 自下而上的无监督学习。此过程作为一个无监督训练的过程，同时也是一个特征学习的过程，采用无标签的数据分层训练每个层的参数。这一过程作为深度学习最鲜明的特点，是和传统方法最不同的一步。

② 自顶向下的监督学习。首先进行预训练，在此之后的学习过程中，深度学习在自顶向下地传输误差的同时，还利用已经有标签的数据进行网络区分性训练。虽然第一步的预训练操作与传统神经网络中的随机初始化有一些相同点，但是因为深度学习采用无标签数据训练网络，如此所得到的初值将会更靠近全局最优。也正因为如此，特征学习过程会很大程度上影响整个网络获得的最终结果的优劣程度[5]。

深度学习使计算机通过较简单的概念构建复杂的网络系统，图1-4展示了深度学习系统如何通过组合较简单的概念（例如拐角与轮廓，它们反过来由边缘定义）来表示图像中人的概念。

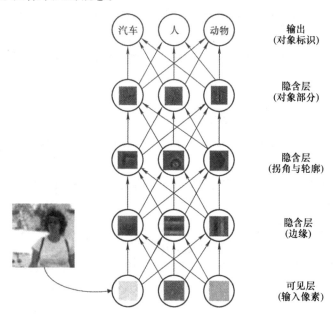

图1-4　深度学习模型的示意图

深度学习模型的典型例子是前馈深度网络或多层感知机（Multilayer Perceptron，MLP），通俗来讲，就是很多个简单的函数组合成为每一组输入到输出的映射，且其中每应用一次不同函数皆会产生新的表示并送给输入[9]。

1.3.2　深度学习的理论基础

假设有一个层结构的系统，如果输出等于输入，也就是说在经过系统之后，输出的信息量与输入相比维持不变，这也就要求任意一层的输入的信息量都不可以丢损，对整个系统而言，每一层的输入都能视为原始输入的不同表达形式。深度学习的精髓就在此。而在其学习过程中，最好的情况是可以不需要人为干预地自动学习对象的特征。若给系统一组语音、文本或图像信息作为输入，输入信息会被系统进行多层处理，为了达到使最终输出等于输入的目标，我们可以修改系统中的参数，最终获得输入信息的层次特征。

需要明确的是，在假设输出严格地与输入相等时，"相等"并非传统意义上的意思，它们不是在绝对形式上的相等，而是在抽象意义上的相等。并且"相等"还包含限制约束的程度，绝对的"相等"在现实中很难达到，在实际实现中我们也可以适当放松标准，输出和输入的差别只需在某个范围内即可[10]。

1.4　深度学习的发展趋势与未来

1.4.1　深度学习的发展趋势

模型容量（Capacity）与模型的泛化（Generalization）能力之间的关系是机器学习领域中被主要关注的问题之一。其中，模型容量是一个评估模型是否灵活自适应的标准，是模型在具有令人满意的泛化能力的时候所必需的训练数据量；而所谓模型的泛化能力，则说的是当前模型处理训练集外的数据能不能取得符合条件的分类和预测效果。由此可得，前者中的训练数据集规模是影响模型泛化能力高低的重要因素[5]。

深度结构模型是标准的高复杂度模型，模型中间含有多层级的非线性变换，与浅层结构模型相比，深度结构模型容量大增。且在早些时候，由于训练数据集规模的限制，深度结构模型往往存在泛化能力不够和过拟合等问题。

而今，随着大数据的发展，训练数据集规模不够的问题得以解决，且从另一角度来讲，深度结构这样的高容量模型也是捕捉大数据内部隐藏的复杂多变的高阶统计特性的有效手段。可以说，大数据与深度学习互为彼此发展的助力。

业界通常认为，在大数据条件下，复杂模型未必比简单的机器学习模型有效，虽然是最简单的线性模型，但它在许多大的数据应用中仍然被多次使用。不过随着深度学习的进展愈发飞速，这个观点似乎也需要被怀疑了。不得不承认，随着当今大数据时代的到来，可能也只有表达能力强、较为复杂的模型，才可以使丰富的信息从海量数据中被充分挖掘[5]。

浅层结构模型强调模型更多的是负责预测或分类，因此特征的好坏在模型的运用没有问题的情况下，几乎是决定系统是否优良的最重要的一点。所以，发掘更好的特征将成为开发一个系统时人力消耗最大的部分，并且想要发现一个好的特征需要开发人员对要解决的问题进行反复的摸索，达到很深的理解层次，这所需要的成本太过巨大，并不是一个可扩展的途径。

而在深度学习中，模型只是作为一种手段，特征学习才是最终目的。深度学习获得的特征，与传统的人工构造特征相比，能更精准地描绘数据信息。因此，可以预见在往后很长一段时间内，运用更为广泛的将是深度学习而非浅层的线性模型[7]。

1.4.2 深度学习的未来

虽然深度学习的发展速度飞快，但仍有许多问题有待解决。机器学习的一些方法思想可以运用到深度学习中，帮助解决深度学习存在的一些不足之处。比如降维领域的稀疏编码工作，通过压缩感知理论对高维数据进行降维，高维信号可以用很少的元素向量来实现精确的代表[7]。

第 2 章 深度学习相关数学基础

2.1 线性代数

线性代数广泛应用于科学和工程中。掌握好线性代数对于理解和从事机器学习算法的相关工作是很有必要的。

2.1.1 标量、向量、矩阵和张量

学习线性代数，会涉及以下几个数学概念：

• **标量（Scalars）**：标量是一个数，它是只具有数值大小，而没有方向的数，它与线性代数中研究的其他大部分对象（通常是多个数的数组）有所不同。标量通常用斜体和小写的变量名称来表示。标量分为实数标量和自然标量，在定义标量时，我们会说明它们是哪种类型的数。比如，在定义实数标量时，我们可能会说"令 $s \in R$ 表示一天的温度变化"；在定义自然数标量时，我们可能会说"令 $n \in N$ 表示温度低于10℃的天数"。

• **向量（Vectors）**：一个向量就是一列具有一定顺序的数，并且向量是有方向的。通过一定的顺序进行索引，我们可以确定每个向量中的元素。向量通常用小写黑体来表示。如果我们需要表示向量中确切的元素，可以将元素排列成一个方括号包围的纵列：

$$x = \begin{bmatrix} x_1 \\ x_2 \\ \vdots \\ x_n \end{bmatrix} \tag{2.1}$$

为了方便大家更好地理解，向量可以被看作空间中的点，其中的每一个元素表示不同的坐标轴上的坐标值。

• **矩阵（Matrices）**：矩阵是一个二维数组，其中两个索引就可以确定一个元素。我们通常用大写的黑体字母来表示矩阵的变量名称，比如 $A \in R^{m \times n}$。其中，m 为这个实数矩阵的水平坐标，n 为实数矩阵的垂直坐标。我们在表示矩阵

中的元素时，元素名称通常以斜体形式表示，索引用逗号间隔。比如，$A_{1,1}$ 表示矩阵 A 第 1 行、第 1 列的元素，$A_{m,n}$ 表示矩阵 A 第 m 行、第 n 列的元素。通常我们用 ":" 表示水平坐标，以表示垂直坐标中的所有元素。比如 $A_{i,:}$ 表示 A 中垂直坐标 i 上的一横排元素，这也被称为 A 的第 i 行。当需要明确表示矩阵中的元素时，我们用如下方括号括起来表示：

$$\begin{bmatrix} A_{1,1} & A_{1,2} \\ A_{2,1} & A_{2,2} \end{bmatrix} \tag{2.2}$$

- 张量（Tensors）：某些情况下，当我们讨论坐标超过二维的数组时，我们就需要用到张量。张量即一个数组中的元素分布在若干维坐标的规则网络中。几何代数中定义的张量是基于向量和矩阵的推广，通俗一点理解的话，就是我们可以将标量视为零阶张量，向量视为一阶张量，矩阵就是二阶张量。

转置是矩阵的重要操作之一。矩阵的主对角线是从左上角到右下角的对角线，而矩阵的转置则是以主对角线为轴的镜像。我们用 A^{T} 来表示 A 的转置，定义为

$$(A^{\mathrm{T}})_{i,j} = A_{j,i} \tag{2.3}$$

2.1.2　矩阵和向量相乘

- 矩阵乘法是矩阵运算中最重要的操作之一。矩阵乘法即两个矩阵 A 和 B 相乘得到第三个矩阵 C。对此，我们要求矩阵 A 的列数必须和矩阵 B 的行数相等，这也是两个矩阵可以相乘的前提条件。矩阵乘法是将 A 的行乘以 B 的列作为 C 的元素，这个就需要和两个矩阵的对应元素相乘区别开来，不过，对应元素相乘的矩阵操作确实是存在的，这个称为元素对应乘积或者 Hadamard 乘积。

- 两个相同维数的向量 x 和 y 的点积可看作矩阵乘积 $x^{\mathrm{T}}y$。我们可以把矩阵乘积 $C = AB$ 中计算 $C_{i,j}$ 的步骤看作 A 的第 i 行和 B 的第 j 列之间的点积。

- 矩阵乘积运算有许多有用的性质，从而使矩阵的数学分析以及计算方面更加方便。

- 矩阵乘法的分配律：

$$A(B + C) = AB + AC \tag{2.4}$$

- 矩阵乘法的结合律：

$$A(BC) = (AB)C \tag{2.5}$$

- 不同于标量乘积，矩阵乘法不满足交换律（$AB = BA$ 的情况并非总是满足）。然而，两个向量的点积满足交换律：

$$x^{\mathrm{T}}y = y^{\mathrm{T}}x \tag{2.6}$$

- 矩阵乘法的转置的性质：

$$(AB)^{\mathrm{T}} = B^{\mathrm{T}}A^{\mathrm{T}} \tag{2.7}$$

- 利用两个向量点积的结果是标量以及标量转置是自身的事实，我们可以

证明式（2.6）

$$x^{\mathrm{T}}y = (x^{\mathrm{T}}y)^{\mathrm{T}} = y^{\mathrm{T}}x \tag{2.8}$$

2.1.3　单位矩阵和逆矩阵

- 单位矩阵定义为所有沿主对角线的元素都是 1，而其他位置的所有元素都是 0，如图 2-1 所示。

$$\begin{bmatrix} 1 & 0 & 0 \\ 0 & 1 & 0 \\ 0 & 0 & 1 \end{bmatrix}$$

图 2-1　单位矩阵

- 任意向量和单位矩阵相乘之后还是原向量。我们将保持 n 维向量不变的单位矩阵记作 I_n。
- 线性代数提供了称为矩阵逆的强大工具。对于大多数矩阵方程，我们都能通过矩阵的逆来进行求解，如：$Ax = b$。
- 矩阵 A 的逆矩阵记作 A^{-1}，它们满足如下条件：

$$A^{(-1)}A = I_n \tag{2.9}$$

- 为了求解 $Ax = b$，我们总结了以下步骤：

$$Ax = b \tag{2.10}$$

$$A^{-1}Ax = A^{-1}b \tag{2.11}$$

$$I_n x = A^{-1}b \tag{2.12}$$

$$x = A^{-1}b \tag{2.13}$$

- 由此可以看出，我们的重点在于找到一个逆矩阵 A^{-1}。当逆矩阵 A^{-1} 存在时，有几种不同的算法都能找到它的闭解形式。理论上，相同的逆矩阵可用于多次求解不同向量 b 的方程。然而，逆矩阵 A^{-1} 主要是作为理论工具使用的，并不会在大多数软件应用程序中实际使用。这是因为逆矩阵 A^{-1} 在数字计算机中只能表现出有限的精度，有效使用向量 b 的算法通常可以得到更精确的 x。

2.1.4　线性相关和生成子空间

- $Ax = b$ 的解有三种情况，可能恰好存在一个解，可能有无数个解，也可能无解。但不会存在多于一个解但是少于无限个解的情况，因为如果 x 和 y 都是某方程组的解，则

$$z = \alpha x + (1 - \alpha)y \tag{2.14}$$

（其中 α 取任意实数）也是该方程组的解。

- 分析方程有多少个解，方便理解的情况下我们可以将 A 的列向量看作是从原点（origin）（元素都是零的向量）出发的不同方向，来确定有多少种方法

可以到达向量 b。那么在这个观点下，向量 x 中的每个元素表示我们应该沿着这些方向走多远，即 x_i 表示我们需要沿着第 i 个向量的方向走多远：

$$Ax = \sum_i x_i A_i \qquad (2.15)$$

• $Ax = b$ 一般而言，这种操作被称为线性组合（Linear Combination）。从形式上，一组向量的线性组合，是指每个向量乘以对应标量系数并相加求和，即

$$\sum_i c_i v^{(i)} \qquad (2.16)$$

确定 $Ax = b$ 是否有解相当于确定向量 b 是否在 A 列向量的生成子空间中。这个特殊的生成子空间被称为 A 的列空间（Column Space）或者 A 的值域（Range）。

为了使方程 $Ax = b$ 对于任意向量 $b \in R^m$ 都存在解，我们要求 A 的列空间构成整个 R^m。如果 R^m 中的某个点不在 A 的列空间中，那么该点对应的 b 会使得该方程没有解。矩阵 A 的列空间是整个 R^m 的要求，意味着 A 至少有 m 列，即 $n \geq m$。否则，A 的列空间的维数会小于 m。例如，假设 A 是一个 3×2 的矩阵。目标 b 是三维的，但是 x 只有二维。所以无论如何修改 x 的值，也只能描绘出 R^3 空间中的二维平面，当且仅当向量 b 在该二维平面中时，该方程有解。

不等式 $n \geq m$ 仅是方程对每一点都有解的必要条件。这不是一个充分条件，因为有些列向量可能是冗余的。假设有一个 $R^{2 \times 2}$ 中的矩阵，它的两个列向量是相同的。那么它的列空间和它的一个列向量作为矩阵的列空间是一样的。换言之，虽然该矩阵有 2 列，但是它的列空间仍然只是一条线，不能涵盖整个 R^2 空间。

正式地说，这种冗余被称为线性相关（Linear Dependence）。如果一组向量中的任意一个向量都不能表示成其他向量的线性组合，那么这组向量被称为线性无关（Linearly Independent）。如果某个向量是一组向量中某些向量的线性组合，那么我们将这个向量加入这组向量后不会增加这组向量的生成子空间。这意味着，如果一个矩阵的列空间涵盖整个 R^m，那么该矩阵必须包含至少一组 m 个线性无关的向量。这是式 $Ax = b$ 对于每一个向量 b 的取值都有解的充分必要条件。值得注意的是，这个条件是说该向量恰好有 m 个线性无关的列向量，而不是至少 m 个。不存在一个 m 维向量的集合具有多于 m 个彼此线性不相关的列向量，但是一个有多于 m 列向量的矩阵却有可能拥有不止一个大小为 m 的线性无关向量集。

要想使矩阵可逆，我们还需要保证式 $Ax = b$ 对于每一个 b 值至多有一个解。为此，我们需要确保该矩阵至多有 m 个列向量。否则，该方程会有不止一个解。

综上所述，这意味着该矩阵必须是一个方阵（Square），即 $m = n$，并且所有列向量都是线性无关的。一个列向量线性相关的方阵被称为奇异的（Singular）。

如果矩阵 A 不是一个方阵或者不是一个奇异的方阵，该方程仍然可能有解。但是我们不能使用矩阵逆去求解。

目前，我们已经讨论了逆矩阵左乘。我们也可以定义逆矩阵右乘：

$$AA^{(-1)} = I \tag{2.17}$$

对于方阵而言，它的左逆和右逆是相等的。

2.1.5 范数

在机器学习中，当我们需要衡量一个向量的大小时，我们经常会使用到范数。范数（包括 L^P 范数）是将向量映射到非负值的函数。方便理解地来说，向量 x 的范数就是从原点到点 x 的距离。更严格地说，范数是满足下列性质的任意函数：

- $f(x) = 0 \to x = 0$
- $f(x + y) \leqslant f(x) + f(y)$（三角不等式）

$\forall_\alpha \in R, f(\alpha x) = |\alpha| f(x)$ 形式上，L^P 范数定义如下：

$$x_p = \left(\sum_i |x_i|^p \right)^{\frac{1}{p}} \tag{2.18}$$

式中，$p \in R$，$p \geqslant 1$。

当 $P = 0$ 时，也就是 L^0 范数，由上面的性质可知，L^0 范数并不是一个真正的范数，它主要被用来度量向量中非零元素的个数。而向量的非零元素的数目不是范数，所以当我们对向量缩放 α 倍，并不会改变该向量非零元素的数目。因此，L^1 范数经常作为表示非零元素数目的替代函数。L^1 范数定义如下：

$$\boldsymbol{x}_1 = \sum_i |x_i| \tag{2.19}$$

当 $P = 2$ 时，即 L^2 范数称为欧几里得范数，经常简化表示为 $\|x\|$，略去了角标 2，代表原点出发到向量 x 确定的点的欧几里得距离。L^2 范数在机器学习中出现得非常频繁。平方 L^2 范数也经常用来衡量向量的大小，它的计算方式可以简单地通过点积 x^Tx 计算出来。

平方 L^2 范数在数学和计算上都比 L^2 范数本身更方便。例如，平方 L^2 范数对 x 中每个元素的导数只取决于对应的元素，而 L^2 范数对每个元素的导数和整个向量相关。但是在某些机器学习应用中，当区分恰好是零的元素和非零但值很小的元素的时候，平方 L^2 范数就不受欢迎，因为它在原点附近增长得十分缓慢。在这些情况下，我们就会考虑使用在各个位置斜率相同，同时保持简单的数学形式的函数如 L^1 范数，来解决这个问题。每当 x 中某个元素从零增加 ϵ，对应的 L^1 范数也会增加 ϵ。

在机器学习中，还会经常出现另外的范数：L^∞ 范数，也被称为最大范数（Max Norm）。这个范数表示向量中具有最大幅值的元素的绝对值：

$$\|x_\infty\| = \max |x_i| \tag{2.20}$$

在深度学习中，对于衡量矩阵的大小，我们常使用 Frobenius 范数，即

$$\|\boldsymbol{A}\|_F = \sqrt{\sum_{i,j} A_{i,j}^2} \tag{2.21}$$

类似于向量的 L^2 范数。

2.1.6　特殊类型的矩阵和向量

对角矩阵的定义是只在主对角线上含有非零元素，其他位置都是零。从形式上来说，矩阵 $\boldsymbol{D}$ 是对角矩阵，当且仅当对于所有的 $i \neq j$，$D_{i,j} \neq 0$。前面我们已经提到过一个对角矩阵，即单位矩阵，其对角元素全部是 1，其余元素都为 0。我们用 $\mathrm{diag}(v)$ 表示一个对角方阵，其对角元素由向量 v 中的元素给定。对角矩阵与其他矩阵相比最大的优点在于对角矩阵的乘法计算很高效。比如计算乘法 $\mathrm{diag}(v)x$，我们只需要将 x 中的每个元素 x_i 放大 v_i 倍。换一种说法就是，$\mathrm{diag}(v)x = v \odot x$。对角方阵的逆矩阵存在，当且仅当对角元素都是非零值，在这种情况下，$\mathrm{diag}(v)^{-1} = \mathrm{diag}([1/v_1, \cdots, 1/v_n]^T)$。在很多情况下，我们可以根据任意矩阵导出一些通用的机器学习算法，但通过将一些矩阵限制为对角矩阵，我们可以得到计算代价较低的算法。

对角矩阵不止局限于方阵，有的长方形的矩阵也有可能是对角矩阵。虽然非方阵的对角矩阵没有逆矩阵，但我们仍然可以高效地计算它们的乘积。比如对于一个长方形对角矩阵 $\boldsymbol{D}$ 而言，乘法 $\boldsymbol{D}x$ 会涉及 x 中每个元素的缩放，如果 $\boldsymbol{D}$ 是瘦长型矩阵，那么在缩放后的末尾添加一些零；如果 $\boldsymbol{D}$ 是宽胖型矩阵，那么在缩放后去掉最后一些元素。

对称矩阵是转置和自己相等的矩阵，对称矩阵经常会出现在某些不依赖参数顺序的双参数函数生成元素时。例如，如果 $\boldsymbol{A}$ 是一个距离度量矩阵，$A_{i,j}$ 表示点 i 到点 j 的距离，那么 $A_{i,j} = A_{j,i}$，因为距离函数是对称的。

单位向量是具有单位范数的向量，即

$$\|\boldsymbol{x}\|_2 = 1 \tag{2.22}$$

向量 $\boldsymbol{x}$ 和向量 $\boldsymbol{y}$ 互相正交，则 $\boldsymbol{x}^T\boldsymbol{y} = 0$。如果两个向量都有非零范数，那么这两个向量之间的夹角是 90°，在 $\boldsymbol{R}^n$ 中，至多有 n 个范数非零向量互相正交。如果这些向量不但互相正交，而且范数都为 1，那么我们称它们是标准正交。

正交矩阵指行向量和列向量分别是标准正交的方阵，即

$$\boldsymbol{A}^T\boldsymbol{A} = \boldsymbol{A}\boldsymbol{A}^T = \boldsymbol{I} \tag{2.23}$$

这意味着

$$\boldsymbol{A}^{-1} = \boldsymbol{A}^T \tag{2.24}$$

正交矩阵因为求逆计算代价小，常受到关注。

2.1.7　特征分解

我们可以通过将一些数学对象分解成多个组成部分或者找到它们的一些属性，从而更好地理解它们的一些属性。这些属性不是由我们选择表示它们的方式所产生的，而是通用的。

例如，整数可以分解为质因数。14 可以用不同的方式来进行表达，比如我们可以选择十进制或八进制等，但 $14 = 2 \times 7$ 永远是对的。因此从这个表示中我们可以获得一些有用的信息，比如 14 不能被 3 整除，或者 14 的倍数可以被 2 整除。

通过上述分解质因数来发现整数的一些内在性质的方式，我们也可以通过分解矩阵来发现矩阵表示成数组元素时不明显的函数性质。

目前来说，使用最广的矩阵分解之一是特征分解（Eigendecomposition），即我们将矩阵分解为由其特征值和特征向量表示的矩阵之积的方法。

方阵 A 的特征向量（Eigenvector）是指与 A 相乘后相当于对该向量进行缩放的非零向量 v：

$$Av = \lambda v \tag{2.25}$$

式中，标量 λ 称为这个特征向量对应的特征值（Eigenvalue）。通常我们更习惯于使用右特征向量（Right Eigenvector），但也可以定义左特征向量（Left Eigenvector）$v^{\mathrm{T}} A = \lambda v^{\mathrm{T}}$。

如果 v 是 A 的特征向量，那么任何缩放后的向量 sv（$s \in R$，$s \neq 0$）也是 A 的特征向量。此外，sv 和 v 有相同的特征值。基于这个原因，通常我们只考虑单位特征向量。

假如矩阵 A 有 n 个线性无关的特征向量 $\{v^{(1)}, \cdots, v^{n}\}$，它们分别对应着 n 个特征值 $\{\lambda_1, \cdots, \lambda_n\}$。我们将特征向量连接成一个矩阵，使得每一列是一个特征向量：$V = [v^{1}, \cdots, v^{n}]$。类似地，我们也可以将特征值连接成一个向量 $\lambda = [\lambda_1, \cdots, \lambda_n]^{\mathrm{T}}$。因此 A 的特征分解可以记作：

$$A = V \mathrm{diag}(\lambda) V^{-1} \tag{2.26}$$

根据上面的描述，我们可以看出来构建具有特定特征值和特征向量的矩阵，能够使我们在目标方向上延伸空间。然而，当我们将矩阵分解成用特征值和特征向量来表达时，这就对我们分析矩阵的特定性质有所帮助，就像理解整数时我们应用质因数分解的方法。

但不是每一个矩阵都可以分解成特征值和特征向量的。有时候，特征分解存在，但是会得到复数。但是在本书中，我们分解的矩阵都比较简单易分解，且得到的都为实数。也就是说，每个实对称矩阵都可以分解成实特征向量和实特征值：

$$A = Q\Lambda Q^T \tag{2.27}$$

式中，Q 是 Λ 的特征向量组成的正交矩阵；Λ 是对角矩阵。特征值 $\Lambda_{i,i}$ 对应的特征向量是矩阵 Q 的第 i 列，记作 $Q_{:,i}$。因为 Q 是正交矩阵，可以将 A 看作沿方向 $v^{(i)}$ 延展 λ_i 倍的空间。

特征分解也有可能不唯一。如果两个或多个特征向量拥有相同的特征值，那么在由这些特征向量产生的子空间中，任意一组正交向量都是该特征值对应的特征向量。因此，我们可以等价地从这些特征向量中构成 Q 作为替代。按照惯例，我们通常按降序排列 Λ 的元素。在该约定下，特征分解唯一，当且仅当所有的特征值都是唯一的。

矩阵的特征分解给了我们很多关于矩阵的有用信息。矩阵是奇异的，当且仅当含有零特征值，实对称矩阵的特征分解也可以用于优化二次方程 $f(x) = x^T Ax$，其中限制 $\|x\|_2 = 1$。当 x 等于 A 的某个特征向量时，$f(x)$ 将返回对应的特征值。在限制条件下，函数 $f(x)$ 的最大值是最大特征值，最小值是最小特征值。

正定矩阵（Positive Definite）是所有特征值都是正数的矩阵；

半正定矩阵（Positive Semidefinite）是所有特征值都是非负数的矩阵；

负定矩阵（Negative Definite）是所有特征值都是负数的矩阵；

半负定矩阵（Negative Semidefinite）是所有特征值都是非正数的矩阵。

同时需要注意：半正定矩阵保证 $\forall x$，$x^T Ax \geqslant 0$，正定矩阵保证 $x^T Ax = 0 \rightarrow x = 0$。

2.1.8　奇异值分解

在上一节中，我们探讨了如何将矩阵分解成特征向量和特征值。还有另一种分解矩阵的方法，称为奇异值分解（Singular Value Decomposition，SVD），是将矩阵分解为奇异向量（Singular Vector）和奇异值（Singular Value）。通过奇异值分解，我们会得到一些与特征分解相同类型的信息。然而，对比特征分解来讲，奇异值分解有更广泛的应用。每个实数矩阵都有一个奇异值分解，但不一定都有特征分解。例如，非方阵的矩阵没有特征分解，这时我们只能使用奇异值分解[11]。

回想一下，我们使用特征分解去分析矩阵 A 时，得到特征向量构成的矩阵 V 和特征值构成的向量 λ，我们可以重新将 A 写作

$$A = V\text{diag}(\lambda)V^{-1} \tag{2.28}$$

奇异值分解是类似的，只不过这回我们将矩阵 A 分解成三个矩阵的乘积：

$$A = UDV^T \tag{2.29}$$

假设 A 是一个 $m \times n$ 的矩阵，那么 U 是一个 $m \times m$ 的矩阵，D 是一个 $m \times n$ 的矩阵，V 是一个 $n \times n$ 矩阵。

这些矩阵经定义后都拥有特殊的结构。矩阵 U 和 V 都定义为正交矩阵，而矩阵 D 定义为对角矩阵。注意，矩阵 D 不一定是方阵[12]。

对角矩阵 D 对角线上的元素称为矩阵 A 的奇异值（Singular Value）。矩阵 U 的列向量称为左奇异向量（Left Singular Vector），矩阵 V 的列向量称为右奇异向量（Right Singular Vector）。

事实上，我们可以用与 A 相关的特征分解去解释 A 的奇异值分解。A 的左奇异向量（Left Singular Vector）是 AA^T 的特征向量。A 的右奇异向量（Right Singular Vector）是 A^TA 的特征向量。A 的非零奇异值是 A^TA 特征值的二次方根，同时也是 AA^T 特征值的二次方根。

SVD 最有用的一个性质可能是拓展矩阵求逆到非方矩阵上。我们将在下一节中探讨。

2.1.9　Moore-Penrose 伪逆

对于非方矩阵而言，其逆矩阵没有定义。假设在下面的问题中，我们希望通过矩阵 A 的左逆 B 来求解线性方程：

$$Ax = y \tag{2.30}$$

等式两边左乘左逆 B 后，我们得到

$$x = By \tag{2.31}$$

取决于问题的形式，我们可能无法设计一个唯一的映射将 A 映射到 B。

当矩阵 A 的行数大于列数时，上述方程可能没有解。当矩阵 A 的行数小于列数时，上述矩阵可能有多个解。

Moore-Penrose 伪逆（Moore-Penrose Pseudoinverse）使我们在这类问题上取得了一定的进展。矩阵 A 的伪逆定义为

$$A^+ = \lim_{\alpha \to 0}(A^TA + \alpha I)^{-1}A^T \tag{2.32}$$

计算伪逆的实际算法没有基于这个定义，而是使用下面的公式

$$A^+ = VD^+U^T \tag{2.33}$$

式中，矩阵 U、D 和 V 是矩阵 A 奇异值分解后得到的矩阵；对角矩阵 D 的伪逆 D^+ 是其非零元素取倒数之后再转置得到的。

当矩阵 A 的列数多于行数时，使用伪逆求解线性方程是众多可能解法中的一种。特别地，$x = A^+y$ 是方程所有可行解中欧几里得范数 $\|x\|_2$ 最小的一个。

当矩阵 A 的行数多于列数时，可能没有解。在这种情况下，通过伪逆得到的 x 使得 Ax 和 y 的欧几里得距离 $\|Ax - y\|_2$ 最小。

2.1.10　迹运算

迹运算返回的是矩阵对角元素的和：

$$\text{Tr}(\boldsymbol{A}) = \sum_i \boldsymbol{A}_{i,i} \tag{2.34}$$

迹运算在机器学习中应用比较频繁，因为在不用求和符号的前提下，矩阵乘法和迹运算可以清楚地表示矩阵运算。例如，迹运算提供了另一种描述矩阵 Frobenius 范数的方式：

$$\|\boldsymbol{A}\|_F = \sqrt{\text{Tr}(\boldsymbol{A}\boldsymbol{A}^{\text{T}})} \tag{2.35}$$

还有一点让大家广泛应用迹运算表达式表达的原因是我们可以使用很多有用的等式巧妙地来处理表达式。例如，迹运算在转置运算下是不变的：

$$\text{Tr}(\boldsymbol{A}) = \text{Tr}(\boldsymbol{A}^{\text{T}}) \tag{2.36}$$

多个矩阵相乘得到的方阵的迹，和将这些矩阵中的最后一个挪到最前面之后相乘的迹是相同的。当然，我们需要考虑挪动之后矩阵乘积依然定义良好：

$$\text{Tr}(\boldsymbol{ABC}) = \text{Tr}(\boldsymbol{CAB}) = \text{Tr}(\boldsymbol{BCA}) \tag{2.37}$$

或者更一般地，

$$\text{Tr}\left(\prod_{i=1}^{n} F^{(i)}\right) = \text{Tr}\left(F^{(n)} \prod_{i=1}^{n-1} F^{(i)}\right) \tag{2.38}$$

虽然循环置换后矩阵乘积得到的矩阵形状变了，但迹运算的结果不变。例如，假设矩阵 $\boldsymbol{A} \in \boldsymbol{R}^{m \times n}$，矩阵 $\boldsymbol{B} \in \boldsymbol{R}^{n \times m}$，我们可以得到

$$\text{Tr}(\boldsymbol{AB}) = \text{Tr}(\boldsymbol{BA}) \tag{2.39}$$

尽管 $\boldsymbol{AB} \in \boldsymbol{R}^{m \times m}$ 和 $\boldsymbol{BA} \in \boldsymbol{R}^{n \times n}$。

另一个有用的事实是标量在迹运算后依然是它自己：$a = \text{Tr}(a)$。

2.1.11 行列式

行列式，记作 $\det(\boldsymbol{A})$，是一个将方阵 $\boldsymbol{A}$ 映射到实数的函数。行列式等于矩阵特征值的乘积。行列式的绝对值可以用来衡量矩阵参与矩阵乘法后空间扩大或者缩小了多少。如果行列式是 0，那么空间至少沿着某一堆完全收缩了，使其失去了所有的体积；如果行列式是 1，那么这个转换保持空间体积不变。

2.1.12 主成分分析

主成分分析（Principal Components Analysis，PCA）是一个简单的机器学习算法，可以通过基础的线性代数知识推导。

当我们进行有损压缩时，就需要用到主成分分析。可以假设在 $\boldsymbol{R}^n$ 空间中有 m 个点 $x^{(1)}, \cdots, x^m$，我们希望对这些点进行有损压缩。通过有损压缩，就可以达到使用较少的内存，同时损失一些精度去存储这些点。我们希望损失的精度尽可能少。

我们用低维表示来编码这些点。对于每个点 $x^{(i)} \in \boldsymbol{R}^n$，会有一个对应的编码

向量 $c^{(i)} \in R^l$。如果 l 比 n 小，那么我们便使用了更少的内存来存储原来的数据。我们希望找到一个编码函数，根据输入返回编码，$f(x) = c$；我们也希望找到一个解码函数，给定编码重构输入，$x \approx g(f(x))$。

　　PCA 由我们选择的解码函数而定。具体来讲，为了简化解码器，我们使用矩阵乘法将编码映射回 R^n，即 $g(c) = Dc$，其中 $D \in R^{n \times l}$ 是定义解码的矩阵。

　　到目前为止，所描述的问题可能会有多个解。因为如果我们按比例缩小所有点对应的编码向量 c_i，那么只需按比例放大 $D_{:,i}$，即可保持结果不变。为了使问题有唯一解，我们限制 D 中所有列向量都有单位范数[13]。

　　这个过程中最难的一个问题在于计算这个解码器的最优编码。为了使编码问题简单一些，PCA 限制 D 的列向量彼此正交（注意，除非 $l = n$，否则严格意义上 D 不是一个正交矩阵）[14]。

　　为了将这个基本想法变为我们能够实现的算法，首先我们需要明确如何根据每一个输入 x 得到一个最优编码 c^*。一种方法是最小化原始输入向量 x 和重构向量 $g(c^*)$ 之间的距离。我们使用范数来衡量它们之间的距离。在 PCA 算法中，我们使用 L^2 范数

$$c^* = \arg\min_c \|x - g(c)\|_2 \tag{2.40}$$

　　我们可以用平方 L^2 范数替代 L^2 范数，因为两者在相同的 c 值上取得最小值。这是因为 L^2 范数是非负的，并且平方运算在非负值上是单调递增的。

$$c^* = \arg\min_c \|x - g(c)\|_2^2 \tag{2.41}$$

该最小化函数可以简化成

$$(x - g(c))^{\mathrm{T}}(x - g(c)) \tag{2.42}$$

（L^2 范数的定义）

$$= x^{\mathrm{T}}x - x^{\mathrm{T}}g(c) - g(c)^{\mathrm{T}}x + g(c)^{\mathrm{T}}g(c) \tag{2.43}$$

（分配律）

$$= x^{\mathrm{T}}x - 2x^{\mathrm{T}}g(c) + g(c)^{\mathrm{T}}g(c) \tag{2.44}$$

（因为标量 $g(c)^{\mathrm{T}}x$ 的转置等于自身）

　　因为第一项不依赖于 c，所以我们可以忽略它，得到如下的优化目标：

$$c^* = \arg\min_c -2x^{\mathrm{T}}g(c) + g(c)^{\mathrm{T}}g(c) \tag{2.45}$$

更进一步，代入 $g(c)$ 的定义：

$$c^* = \arg\min_c -2x^{\mathrm{T}}Dc + c^{\mathrm{T}}D^{\mathrm{T}}Dc \tag{2.46}$$

$$= \arg\min_c -2x^{\mathrm{T}}Dc + c^{\mathrm{T}}I_l c$$

（矩阵 D 的正交性和单位范数约束）

$$= \arg\min_c -2x^{\mathrm{T}}Dc + c^{\mathrm{T}}c \tag{2.47}$$

我们可以通过向量微积分来求解这个最优化问题

$$\nabla_c \left(-2x^{\mathrm{T}}Dc + c^{\mathrm{T}}c \right) = 0 \tag{2.48}$$

$$-2D^{\mathrm{T}}x + 2c = 0 \tag{2.49}$$

$$c = D^{\mathrm{T}}x \tag{2.50}$$

从而使得算法更加高效：只需要一个矩阵向量乘法操作，就可以获得最优编码 x。为了获得编码向量，我们可以使用编码函数

$$f(x) = D^{\mathrm{T}}x \tag{2.51}$$

进一步使用矩阵乘法，我们也可以定义 PCA 重构操作：

$$r(x) = g(f(x)) = DD^{\mathrm{T}}x \tag{2.52}$$

接下来，我们需要挑选编码矩阵 D。要做到这一点，先来回顾最小化输入和重构之间 L^2 距离的这个想法。由于对所有的点进行解码时，所用的矩阵 D 都是相同的，因此我们不能再孤立地看待每个点。反之，我们必须最小化所有维数和所有点上的误差矩阵的 Frobenius 范数：

$$D^* = \arg\min_D \sqrt{\sum_{i,j}\left(x_j^{(i)} - r(x^{(i)})_j\right)^2} \text{ subject to } D^{\mathrm{T}}D = I_l \tag{2.53}$$

为了推导用于寻求 D^* 的算法，我们首先考虑 $l = 1$ 的情况。在这种情况下，D 是一个单一向量 d。简化 D 为 d，则问题简化为

$$d^* = \arg\min_d \sum_i \|x^{(i)} - dd^{\mathrm{T}}x^{(i)}\|_2^2 \text{ subject to } \|d\|_2 = 1 \tag{2.54}$$

式（2.54）是直接代入得到的，但不是表述上最美观的方式。在式（2.54）中，我们将标量 $d^{\mathrm{T}}x^{(i)}$ 放在向量 d 的右边。将该标量放在左边的写法更为传统。于是我们通常写作：

$$d^* = \arg\min_d \sum_i \|x^{(i)} - d^{\mathrm{T}}x^{(i)}d\|_2^2 \text{ subject to } \|d\|_2 = 1 \tag{2.55}$$

或者，考虑到标量的转置和自身相等，我们也可以写作：

$$d^* = \arg\min_d \sum_i \|x^{(i)} - x^{(i)\mathrm{T}}dd\|_2^2 \text{ subject to } \|d\|_2 = 1 \tag{2.56}$$

此时，使用单一矩阵来重述问题，比将问题写成求和形式更有帮助。这有助于我们使用更紧凑的符号。将表示各点的向量堆叠成一个矩阵，记为 $X \in R^{m \times n}$，其中 $X_{i,:} = x^{(i)\mathrm{T}}$，则原问题可重新描述为

$$d^* = \arg\min_d \|X - Xdd^{\mathrm{T}}\|_F^2 \text{ subject to } d^{\mathrm{T}}d = 1 \tag{2.57}$$

暂时不考虑约束，我们可以将 Frobenius 范数简化成下面的形式：

$$
\begin{aligned}
&\arg\min_d \|X - Xdd^{\mathrm{T}}\|_F^2 \\
&= \arg\min_d \mathrm{Tr}\left((X - Xdd^{\mathrm{T}})^{\mathrm{T}}(X - Xdd^{\mathrm{T}}) \right) \\
&= \arg\min_d \mathrm{Tr}(X^{\mathrm{T}}X) - \mathrm{Tr}(X^{\mathrm{T}}Xdd^{\mathrm{T}}) - \mathrm{Tr}(dd^{\mathrm{T}}X^{\mathrm{T}}X) + \mathrm{Tr}(dd^{\mathrm{T}}X^{\mathrm{T}}Xdd^{\mathrm{T}}) \\
&= \arg\min_d -\mathrm{Tr}(X^{\mathrm{T}}Xdd^{\mathrm{T}}) - \mathrm{Tr}(dd^{\mathrm{T}}X^{\mathrm{T}}X) + \mathrm{Tr}(dd^{\mathrm{T}}X^{\mathrm{T}}Xdd^{\mathrm{T}})
\end{aligned} \tag{2.58}
$$

（因为与 $\boldsymbol{d}$ 的无关项不影响 arg min）

$$= \arg\min_{\boldsymbol{d}} - 2\mathrm{Tr}(\boldsymbol{X}^{\mathrm{T}}\boldsymbol{X}\boldsymbol{d}\boldsymbol{d}^{\mathrm{T}}) + \mathrm{Tr}(\boldsymbol{d}\boldsymbol{d}^{\mathrm{T}}\boldsymbol{X}^{\mathrm{T}}\boldsymbol{X}\boldsymbol{d}\boldsymbol{d}^{\mathrm{T}})$$

（因为循环改变迹运算中相乘矩阵的顺序不影响结果）

$$= \arg\min_{\boldsymbol{d}} - 2\mathrm{Tr}(\boldsymbol{X}^{\mathrm{T}}\boldsymbol{X}\boldsymbol{d}\boldsymbol{d}^{\mathrm{T}}) + \mathrm{Tr}(\boldsymbol{X}^{\mathrm{T}}\boldsymbol{X}\boldsymbol{d}\boldsymbol{d}^{\mathrm{T}}\boldsymbol{d}\boldsymbol{d}^{\mathrm{T}})$$

（再次使用上述性质）

此时，我们再来考虑约束条件：

$$\arg\min_{\boldsymbol{d}} - 2\mathrm{Tr}(\boldsymbol{X}^{\mathrm{T}}\boldsymbol{X}\boldsymbol{d}\boldsymbol{d}^{\mathrm{T}}) + \mathrm{Tr}(\boldsymbol{X}^{\mathrm{T}}\boldsymbol{X}\boldsymbol{d}\boldsymbol{d}^{\mathrm{T}}\boldsymbol{d}\boldsymbol{d}^{\mathrm{T}}) \text{ subject to } \boldsymbol{d}^{\mathrm{T}}\boldsymbol{d} = 1$$

$$\tag{2.59}$$

$$= \arg\min_{\boldsymbol{d}} - 2\mathrm{Tr}(\boldsymbol{X}^{\mathrm{T}}\boldsymbol{X}\boldsymbol{d}\boldsymbol{d}^{\mathrm{T}}) + \mathrm{Tr}(\boldsymbol{X}^{\mathrm{T}}\boldsymbol{X}\boldsymbol{d}\boldsymbol{d}^{\mathrm{T}}) \text{ subject to } \boldsymbol{d}^{\mathrm{T}}\boldsymbol{d} = 1$$

（因为约束条件）

$$= \arg\min_{\boldsymbol{d}} - \mathrm{Tr}(\boldsymbol{X}^{\mathrm{T}}\boldsymbol{X}\boldsymbol{d}\boldsymbol{d}^{\mathrm{T}}) \text{ subject to } \boldsymbol{d}^{\mathrm{T}}\boldsymbol{d} = 1$$

$$= \arg\max_{\boldsymbol{d}} \mathrm{Tr}(\boldsymbol{X}^{\mathrm{T}}\boldsymbol{X}\boldsymbol{d}\boldsymbol{d}^{\mathrm{T}}) \text{ subject to } \boldsymbol{d}^{\mathrm{T}}\boldsymbol{d} = 1$$

$$= \arg\max_{\boldsymbol{d}} \mathrm{Tr}(\boldsymbol{d}^{\mathrm{T}}\boldsymbol{X}^{\mathrm{T}}\boldsymbol{X}\boldsymbol{d}) \text{ subject to } \boldsymbol{d}^{\mathrm{T}}\boldsymbol{d} = 1$$

这个优化问题可以通过特征分解来求解。具体来讲，最优的 $\boldsymbol{d}$ 是 $\boldsymbol{X}^{\mathrm{T}}\boldsymbol{X}$ 最大特征值对应的特征向量。

以上推导特定于 $l = 1$ 的情况，仅得到了第一个主成分。更一般地，当我们希望得到主成分的基时，矩阵 $\boldsymbol{D}$ 由前 l 个最大的特征值对应的特征向量组成。这个结论可以通过归纳法证明。

线性代数是理解深度学习必须掌握的基础数学学科之一，还有一门在机器学习中无处不在的重要数学学科是概率论，我们将在下一节进行探讨。

2.2 概率论于信息论

概率论是基于结果不确定性进行统计分析的一门数学科学。典型的随机试验如抛硬币、掷骰子、抽扑克牌等都是概率问题。

2.2.1 随机试验、频率与概率、随机变量

在概率论中经常提到随机（Random）和随机试验（Random Experiment），这里所指的随机和随机试验即我们通常所说的非人为刻意造成的某些结果的情况或试验。满足以下三个条件：

1）试验可以在相同的条件下重复进行。

2）试验结果不止一个，并且可以明确指出或说明试验的全部可能结果是什么。

3）每次试验会出现哪一个结果，事先不能确定。

同时满足以上三个特点的试验称为随机试验。

概率论中经常听到频率（Frequency）或概率（Probability），它们有时都用来描述事件发生的多少。生活中经常有人混淆，但它们的定义有着严格的区别。频率，是单位时间内某事件重复发生的次数。例如，投掷骰子试验，进行 n 次投掷试验，出现"6点"的次数为 n_6，称比值 n_6/n 为事件 A 发生的频率。概率，它反映随机事件出现的可能性大小的量度，是事物的固有属性。随机事件是指在相同的条件下，可能出现也可能不出现的事件。例如，从一批有正品和次品的商品中随意抽取一件，"抽得的是正品"就是一个随机事件。假设对某一随机现象进行了 n 次试验与观察，其中 A 事件出现了 m 次，即其出现的频率为 m/n。经过大量反复试验，常有 m/n 越来越接近于某个确定的常数。该常数即为事件 A 出现的概率，常用 $P(A)$ 表示。严格的定义上，概率具有非负性（对于每个事件 A，有 $P(A) \geqslant 0$）、规范性（对于必然事件 S，有 $P(S) = 1$）、可加性（设 A_1，A_2，$\cdots$，A_n 是两两互不相容的事件，即对 $A_i A_j \neq \phi$，$i \neq j$　i，$j = 1$，2，$\cdots$，n，有 $P(A_1 \cup A_2 \cup \cdots \cup A_n) = P(A_1) + P(A_2) + \cdots + P(A_n)$）。当某一事件的频率试验次数增加到无穷次时，频率接近于概率。

为了使随机试验的结果更容易描述和表达，需要进行数值化，而随机变量（Random Variable）就是随机事件的数值表现，它可以随机地取不同值的变量，随机事件数量化的好处是可以用数学分析的方法来研究随机现象。例如，生育男孩和女孩，我们可以规定男孩为 1，女孩为 0，这里 1 和 0 为随机变量，从而实现了随机事件的数量表现。这里所指的性别问题是离散的，但自然界不全是离散的，也存在连续的，例如人类的身高、体重。

2.2.2　随机变量的分布情况

前面了解了随机变量的定义，那么我们该如何描述随机变量的分布情况？随机变量可以分为离散型随机变量和连续型随机变量。

对于离散型随机变量，随机变量可能取的值是有限个或可列有限个。随机变量采用分布律（Distribution Discipline）描述其分布情况。

离散型随机变量 X 所有可能的取值为 $x_k(k = 1, 2, \cdots)$，X 取各个可能值的概率，即事件 $\{X = x_k\}$ 的概率为

$$P\{X = x_k\} = p_k, k = 1, 2, \cdots \tag{2.60}$$

式（2.60）称为随机变量 X 的分布律。一维随机变量分布律也可用表格的形式来表示，见表 2-1。

表 2-1 一维随机变量分布律

X	X_1	X_2	$\cdots$	X_n
P_k	P_1	P_2	$\cdots$	P_n

由此定义可知离散型随机变量的分布函数为

$$F(x) = P\{X \leqslant x\} = \sum_{x_k \leqslant x} P\{X = x_k\} = \sum_{x_k \leqslant x} p_k \qquad (2.61)$$

式中，$P\{X = x_k\} = p_k$；$k = 1,2,3\cdots$ 为离散型随机变量 X 的分布律。

对于连续型随机变量其不能像离散型随机变量一一列举出来。事实上，为了更好地观察随机变量的分布情况，引入了概率密度函数（Probability Density Function），则连续型随机变量的分布函数（Distribution Function）为

$$F(x) = \int_{-\infty}^{x} f(t)\,\mathrm{d}t \qquad (2.62)$$

式中，$f(x)$ 是非负可积函数，则称 X 为连续型随机变量，称 $f(x)$ 为 X 的概率密度函数，简称概率密度，记为 $X \sim f(x)$。

$f(x)$ 为某一随机变量 X 的概率密度的充要条件是：$f(x) \geqslant 0$，且 $\int_{-\infty}^{+\infty} f(x)\,\mathrm{d}x = 1$。

2.2.3 二维随机变量

一般地，设 E 是一个随机试验，它的样本空间是 $S = \{e\}$，设 $X = X(e)$ 和 $Y = Y(e)$ 是定义在 S 上的随机变量，由它们构成的一个向量 (X, Y)，叫作二维随机向量或二维随机变量（Two-dimensional Random Variable）。

设 (X, Y) 是二维随机变量，对于任意实数 x，y，二元函数：

$$F(x, y) = p\{X \leqslant x, Y \leqslant y\} \qquad (2.63)$$

称为二维随机变量 (X, Y) 的分布函数，或称为随机变量 X 和 Y 的联合分布函数（Joint Distribution Function）。

（1）二维随机变量同样可以分为离散型和连续型

如果二维随机变量 (X, Y) 只能取有限对值或可列对值 (x_1, y_1)，(x_2, y_2)，$\cdots$，(x_n, y_n)，则称 (X, Y) 为二维离散型随机变量。

$$p_{ij} = P\{X = x_i, Y = y_j\} \quad i, j = 1, 2, \cdots \qquad (2.64)$$

为 (X, Y) 的概率分布或联合分布，记为 $(X, Y) \sim p_{ij}$，联合分布常用矩阵形式（见表 2-2）或表格形式（见表 2-3）表示。

表 2-2　矩阵形式的联合分布

(X, Y)	(x_1, y_1) (x_2, y_2)	$\cdots$	(x_n, y_n)
$P\{X=x_i, Y=y_j\}$	$p_{11} p_{12}$	$\cdots$	p_{ij}

表 2-3　表格形式的联合分布

Y	X			
	x_1	x_2	$\cdots$	x_i
y_1	p_{11}	p_{21}	$\cdots$	p_{i1}
y_2	p_{12}	p_{22}	$\cdots$	p_{i2}
$\vdots$	$\vdots$	$\vdots$		$\vdots$
y_j	p_{1j}	p_{2j}	$\cdots$	p_{ij}

连续型的分布情况可用联合分布函数和联合概率密度表示，如下：

与一维随机变量相似，对于二维随机变量(X,Y)的分布函数 $F(X,Y)$，如果存在非负可积函数$f(x,y)$使对于任意x，y有

$$F(x,y) = \int_{-\infty}^{y} \int_{-\infty}^{x} f(u,v) \,\mathrm{d}u\mathrm{d}v \qquad (2.65)$$

则称(X,Y)是连续型的二维随机变量，函数$f(x,y)$称为二维随机变量(x,y)的概率密度，或称为随机变量 X 和 Y 的联合概率密度。

（2）边缘分布

我们已知二维随机变量的联合分布概率，但是我们想要了解其中一个子集的概率时，就需要用到边缘概率分布（Marginal Probability Distribution）。

对于二维随机变量，我们称

$$F_X(x) = F(x, \infty) = P\{X \leqslant x, Y < \infty\} \qquad (2.66)$$

为关于 X 的边缘分布函数。

对于离散型随机变量

$$P\{X = x_i\} = \sum_{j=1}^{\infty} p_{ij}, i = 1,2,\cdots \qquad (2.67)$$

边缘概率的名称来源于人们计算时习惯于将其写于表格边缘，观察表 2-3 的二维随机变量的联合分布律，将每一行求和写于右边的纸边缘，将每一列求和写于最下边的纸边缘。

对于连续型随机变量我们要用积分代替求和：

$$P\{X = x_i\} = \int p(x,y)\,\mathrm{d}y \qquad (2.68)$$

（3）条件分布

通常，我们考虑在事件$\{Y = y_j\}$已发生的条件下事件$\{X = x_i\}$发生的概率，也就是来求事件：

$$\{X = x_i | Y = y_j\}, i = 1,2,\cdots \tag{2.69}$$

的概率，由条件概率公式可得

$$P\{X = x_i | Y = y_j\} = \frac{P\{X = x_i, Y = y_j\}}{P\{Y = y_j\}}, i = 1,2,\cdots \tag{2.70}$$

这里设 $P\{Y = y_j\} > 0$ ，我们将其称为 $Y = y_j$ 条件下随机变量 X 的条件分布律。同理，对于固定的 i ，若 $P\{X = x_i\} > 0$ ，则称

$$P\{Y = y_j | X = x_i\} = \frac{P\{X = x_i, Y = y_j\}}{P\{X = x_i\}}, j = 1,2,\cdots \tag{2.71}$$

为在 $X = x_i$ 条件下 Y 的条件分布律。

（4）古典概率计算中与条件概率有关的三个重要的公式

乘法公式（Multiplication）：

$$P(AB) = P(B|A)P(A) \tag{2.72}$$

全概率公式（Formula of Holohedral Probability）：

$$P(A) = \sum_{i=1}^{\infty} P(B_i)P(A|B_i) \tag{2.73}$$

贝叶斯公式（Bayes Formula）：

$$P(B_i|A) = \frac{P(A|B_i)P(B_i)}{\sum_{j=1}^{n} P(A|B_j)P(B_j)} \tag{2.74}$$

（5）独立性

设 $F(x,y)$ 及 $F_X(x)$、$F_Y(y)$ 分别是二维随机变量 (X,Y) 的分布函数及边缘分布函数，若对于所有 x, y 有：

$$P\{X \leqslant x, Y \leqslant y\} = P\{X \leqslant x\} P\{Y \leqslant y\}, \text{即 } F(x,y) = F_X(x)F_Y(y) \tag{2.75}$$

则称随机变量 X 和 Y 是相互独立的。

2.2.4　期望、方差、协方差、相关系数

期望（Expectation）就是我们通常所说的均值，对于离散型随机变量 X ，设其分布律为

$$P\{X = x_k\} = P_k, k = 1,2,\cdots \tag{2.76}$$

若

$$\sum_{k=1}^{\infty} x_k p_k \tag{2.77}$$

绝对收敛，则称 $\sum_{k=1}^{\infty} x_k p_k$ 的和为随机变量 X 的数学期望，记为 $E(X)$ 。

对于连续型随机变量 X ，设其概率密度函数为 $f(x)$ ，若积分

$$\int_{-\infty}^{+\infty} x f(x)\,\mathrm{d}x \tag{2.78}$$

绝对收敛，则称积分 $\int_{-\infty}^{+\infty} x f(x)\,\mathrm{d}x$ 的值为随机变量 X 的数学期望，记为 $E(X)$。

除了期望，有时我们也需要研究随机变量与其均值的偏离程度，所以我们需要用方差（Variance）度量其偏离程度。

设 X 是一个随机变量，若 $E\{[X-E(X)]^2\}$ 存在，则称

$$E\{[X-E(X)]^2\} \tag{2.79}$$

为 X 的方差，记为 $D(X)$ 或 $\mathrm{Var}(x)$。在应用上还引入 $\sqrt{D(x)}$，记为 $\sigma(X)$，称为标准差（Standard Deviation）。

由方差的性质可证明：若 X 与 Y 相互独立，则 $E\{[X-E(X)][Y-E(Y)]\}=0$，当 $E\{[X-E(X)][Y-E(Y)]\} \neq 0$ 时，X 与 Y 不相互独立，即它们之间存在一定的关系。

我们称 $E\{[X-E(X)][Y-E(Y)]\}$ 为随机变量 X 与 Y 的协方差（Covariance），即

$$\mathrm{Cov}(X,Y) = E\{[X-E(X)][Y-E(Y)]\} \tag{2.80}$$

而 $\rho_{XY} = \dfrac{\mathrm{Cov}(X,Y)}{\sqrt{D(X)}\sqrt{D(Y)}}$ 称为随机变量的相关系数（Correlation）。

2.2.5 常用的概率分布

（1）伯努利分布

伯努利（Bernoulli）分布是一个离散型概率分布，是只有两种可能结果的单次随机试验，又名两点分布或 0-1 分布。伯努利分布中随机变量的 X 只取 0 和 1 两个值，并且 $P(x=1)=\phi$，其性质如下：

$$P(x=1)=\phi \tag{2.81}$$

$$P(x=0)=1-\phi \tag{2.82}$$

$$P(X=x)=\phi^x(1-\phi)^{1-x} \tag{2.83}$$

$$E[x]=\phi \tag{2.84}$$

$$D(x)=\phi(1-\phi) \tag{2.85}$$

（2）多项式分布

二项分布的典型例子是扔硬币，硬币正面朝上概率为 p，重复扔 n 次硬币，k 次为正面的概率即为一个二项分布概率。把二项分布公式推广至多种状态，就得到了多项式分布。

多项式分布（Multinoulli Distribution）是指 k（k 小于无穷大）个不同状态的单个离散型随机变量结果可取不同的概率，其中 k 是一个有限值。第 k 个结果对

应的概率为 p_i，这里 $0 \leq p_i \leq 1$，且 $\sum\limits_{i=1}^{k} p_i = 1$。

（3）高斯分布

高斯分布（Gaussian Distribution）也叫正态分布（Normal Distribution），其概率密度函数为

$$f(x) = \frac{1}{\sqrt{2\pi}\sigma} e^{-\frac{(x-\mu)^2}{2\sigma^2}}, \quad -\infty < x < \infty \tag{2.86}$$

若随机变量 X 服从一个数学期望为 μ、方差为 σ^2 的正态分布，记为 $N(\mu, \sigma^2)$。其中，期望值 μ 决定了其分布位置，标准差 σ 决定了分布的幅度。当 $\mu = 0$，$\sigma = 1$ 时的正态分布是标准正态分布，标准正态分布的函数图像如图 2-2 所示。

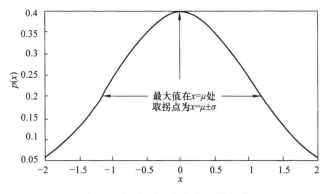

图 2-2　标准正态分布的函数图像

在自然现象和社会现象中，大量随机变量都服从或近似服从正态分布，例如，一个城市的成年女性的身高、某零件长度的测量误差、海洋波浪的高度、半导体器件中的热噪声电流或电压等都服从正态分布。正态随机变量在概率论与数理统计的理论研究和实际应用中起着至关重要的作用。

多维正态分布的参数是一个正定对称矩阵 $\boldsymbol{\Sigma}$：

$$N(\boldsymbol{\mu}, \boldsymbol{\Sigma}) = \sqrt{\frac{1}{(2\pi)^n \det(\boldsymbol{\Sigma})}} e^{\left(-\frac{1}{2}(x-\mu)^{\mathrm{T}}\Sigma^{-1}(x-\mu)\right)} \tag{2.87}$$

式中，参数 $\boldsymbol{\mu}$ 表示分布的均值；参数 $\boldsymbol{\Sigma}$ 为分布的协方差矩阵。

协方差矩阵（Covariance Matrix），设 $X = (X_1, X_2, \cdots, X_N)^{\mathrm{T}}$ 为 n 维随机变量，称矩阵

$$C = (c_{ij})_{n \times n} = \begin{pmatrix} c_{11} & c_{12} & \cdots & c_{1n} \\ c_{21} & c_{22} & \cdots & c_{2n} \\ \vdots & \vdots & & \vdots \\ c_{n1} & c_{n2} & \cdots & c_{nn} \end{pmatrix} \tag{2.88}$$

为 n 维随机变量 X 的协方差矩阵，也记为 $D(X)$，其中：

$$c_{ij} = \mathrm{Cov}(X_i, X_j), i,j = 1,2,\cdots,n \tag{2.89}$$

为 X 的分量 X_i 和 X_j 的协方差。

（4）指数分布和拉普拉斯分布

在深度学习中，我们经常会需要一个在 $x=0$ 点处取得边界点（Sharp Point）的分布。为了实现这一目的，我们可以使用指数分布（Exponential Distribution），这是描述泊松过程中的事件之间的时间的概率分布，即事件以恒定平均速率连续且独立地发生的过程。若连续型随机变量 X 的概率密度为

$$f(x) = \begin{cases} \dfrac{1}{\theta}\mathrm{e}^{-\frac{x}{\theta}}, & x > 0 \\ 0, & \text{其他} \end{cases} \tag{2.90}$$

式中，$\theta > 0$ 为常数，称 X 服从参数为 θ 的指数分布。

一个联系紧密的概率分布是拉普拉斯分布（Laplace Distribution），它允许我们在任意一点 μ 处设置概率质量的峰值，随机变量 X 的概率密度为

$$f(x) = \frac{1}{2\lambda}\mathrm{e}^{-\frac{|x-\mu|}{\lambda}} \tag{2.91}$$

式中，λ,μ 为常数，且 $\lambda > 0$，则称 ε 服从参数为 λ,μ 的拉普拉斯分布。

（5）狄拉克分布和经验分布

在一些情况下，我们希望概率分布中的所有质量都集中在一个点上。这可以通过狄拉克函数（Dirac Delta Function）$\delta(x)$ 定义概率密度函数来实现：

$$\text{狄拉克函数}\ \delta(x) = \begin{cases} +\infty, & x = 0 \\ 0, & \text{其他} \end{cases}, \text{其广义积分为} \int_{-\infty}^{+\infty}\delta(x)\mathrm{d}x = 1 \tag{2.92}$$

狄拉克分布的概率密度：

$$p(x) = \delta(x - \mu) \tag{2.93}$$

狄拉克分布经常作为经验分布（Empirical Distribution）的一个组成部分出现：

$$\hat{p}(x) = \frac{1}{m}\sum_{i=1}^{m}\delta(x - x^{(i)}) \tag{2.94}$$

经验分布将概率密度 $\dfrac{1}{m}$ 赋给 m 个点 $x^{(1)},x^{(2)},\cdots,x^{(m)}$ 中的每一个，这些点是给定的数据集或者采样的集合。只有在定义连续型随机变量的经验分布时，狄拉克函数才是必要的。对于离散型随机变量，情况更加简单：经验分布可以被定义成一个 Multinoulli 分布，对于每一个可能的输入，其概率可以简单地设为在训练集上那个输入值的经验频率（Empirical Frequency）。

（6）分布的混合

在实际应用中经常会遇到混合概率模型，它是将几种不同模型组合而成的一种模型。一种通用的组合方法是构造混合分布（Mixture Distribution）：

$$P(X) = \sum_i P(c = i)P(x \mid c = i) \qquad (2.95)$$

这里 $P(c)$ 是对各组件的一个 Multinoulli 分布。简单地说就是将多个概率密度按 $P(c)$ 加权求和后的新的概率密度函数构成混合分布。

一个非常强大且常见的混合模型是高斯混合模型（Gaussian Mixture Model），它的组件 $p(x|c=i)$ 是高斯分布。为什么是高斯混合模型，而不是其他模型，因为从中心极限定理可知，只要 K 足够大，模型足够复杂，样本量足够多，每一块小区域就可以用高斯分布来描述。而且高斯函数具有良好的计算性能，其高斯混合模型被广泛地应用。每个组件都有各自的参数，如均值 $\mu^{(i)}$ 和协方差矩阵 $\Sigma^{(i)}$。有些混合可以有更多的限制。例如，协方差矩阵可以通过 $\Sigma^{(i)} = \Sigma$，$\forall i$ 的形式在组件之间共享参数。和单个高斯分布一样，高斯混合模型有时会限制每个组件的协方差矩阵为对角的或者各向同性的（标量乘以单位矩阵）。

2.2.6　常用函数的有用性质

某些函数在处理概率分布时经常会出现，尤其是深度学习的模型中用到的概率分布。其中一个函数是 logistic 函数（或称为 Sigmoid 函数）：

$$\sigma(x) = \frac{1}{1 + e^{-x}} \qquad (2.96)$$

式中，变量 x 的取值范围是 $-\infty \sim +\infty$；$\sigma(x)$ 的范围是（0，1）。

logistic 函数通常用来产生伯努利分布中的 Φ，因为它的范围是（0，1），处在 Φ 的有效取值范围内。图 2-3 给出了 logistic 函数的图示。

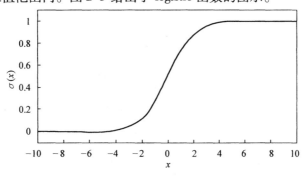

图 2-3　logistic 函数

在变量取绝对值非常大的正值或负值时，Sigmoid 函数会出现饱和（Saturate）现象，函数会变得很平，并且对输入的微小改变变得不敏感。另外一个经常遇到的函数是 Softplus 函数，即

$$\zeta(x) = \log(1 + e^x) \tag{2.97}$$

Softplus 函数可以用来产生正态分布 σ 参数，因为它的范围是$(0, +\infty)$。当处理包含 Sigmoid 函数的表达式时，它也经常出现。Softplus 函数名来源于它是另外一个函数的平滑（或"软化"）形式，这个函数是

$$x^+ = \max(0, x) \tag{2.98}$$

图 2-4 给出了 Softplus 函数的图示。

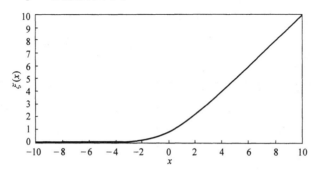

图 2-4　Softplus 函数

下面这些性质非常有用。

$$\sigma(x) = \frac{e^x}{e^x + e^0} \tag{2.99}$$

$$\frac{\mathrm{d}}{\mathrm{d}x}\sigma(x) = \sigma(x)(1 - \sigma(x)) \tag{2.100}$$

$$1 - \sigma(x) = \sigma(-x) \tag{2.101}$$

$$\log\sigma(x) = -\zeta(-x) \tag{2.102}$$

$$\frac{\mathrm{d}}{\mathrm{d}x}\zeta(x) = \sigma(x) \tag{2.103}$$

$$\forall x \in (0,1), \sigma^{-1}(x) = \log\left(\frac{x}{1-x}\right) \tag{2.104}$$

$$\forall x > 0, \zeta^{-1}(x) = \log(e^{(x)} - 1) \tag{2.105}$$

$$\zeta(x) = \int_{-\infty}^{x} \sigma(y)\mathrm{d}y \tag{2.106}$$

$$\zeta(x) - \zeta(-x) = x \tag{2.107}$$

Softplus 函数被设计成正部函数（Positive Part Function）的平滑版本，这个正部函数是指 $x^+ = \max(0, x)$。与正部函数相对的是负部函数（Negative Part

Function），$x^- = \max(0, -x)$。为了获得类似负部函数的一个平滑函数，我们可以使用 $\zeta(-x)$。就像 x 可以用它的正部和负部通过等式 $x^+ - x^- = x$ 恢复一样，我们也可以用同样的方式对 $\zeta(x)$ 和 $\zeta(-x)$ 进行操作，就像式 $\zeta(x) - \zeta(-x) = x$ 中那样。

2.2.7　连续型变量的技术细节

连续型随机变量和概率密度函数的深入理解需要用到数学分支测度论（Measure Theory）的相关内容来扩展概率论。测度论超出了本书的范畴，但我们可以简要介绍一些测度论用来解决的问题。

对于本书相关的应用，测度论更多的是用来描述那些适用于 R^n（n 维空间）上的多数点，却不适用于一些边界情况的定理，测度论提供了一种严格的方式来描述那些非常微小的点集，这种集合被称为"零测度（Measure Zero）"。我们再给出这个概念的正式定义，然而，直观地理解这个概念是有用的，可以认为零测度集在我们的度量空间中不占有任何的体积（或面积）。例如在 R^2 空间中，一个点或一条直线的测度为零，而填充的多边形具有正的测度。可多个零测度的集仍然是零测度的，所以，所有有理数构成的集合的测度为零。

另一个有用的测度论中的术语是"几乎处处（Almost Everywhere）"。某个性质如果是几乎处处都成立的，那么它在整个空间中除了一个测度为零的集合以外都是成立的。因为这些例外只在空间中占有极其微小的量，它们在多数应用中都可以被放心地忽略。概率论中的一些重要结果对于离散值成立，但对于连续值只能是"几乎处处"成立。

相互之间有确定性函数关系的连续型变量是怎么处理的呢？这是连续性随机变量的另一技术细节所涉及的。假设有两个随机变量 x 和 y 满足 $y = g(x)$，其中 g 是可逆的、连续可微的函数。那么 $P_y(y) = P_x(g^{-1}(y))$ 是否成立呢？

举个简单的例子，假设有两个标量值随机变量 x 和 y，并且满足 $y = \dfrac{x}{2}$ 以及 $x \sim U(0,1)$。如果我们使用 $p_y(y) = p_x(2y)$，那么 p_y 除了区间 $\left[0, \dfrac{1}{2}\right]$ 以外都为 0，并且在这个区间上为 1。这意味着：

$$\int p_y(y)\,\mathrm{d}y = \frac{1}{2} \tag{2.108}$$

而这违背了概率密度积分为 1 的要求。这是由于它没有考虑到引入函数 g 后造成的空间变形。回忆一下，x 落在无穷小的体积为 δx 的区域内的概率为 $p(x)\delta x$。因为 g 可能会扩展或者压缩空间，在 x 空间内包围着 x 的无穷小体积在 y 空间中可能有不同的体积[15]。

为了看出如何改正这个问题，我们回到标量值的情况。需要保持下面这个性质：

$$|p_y(g(x))\mathrm{d}y| = |p_x(x)\mathrm{d}x| \tag{2.109}$$

求解式（2.109），我们得到

$$p_y(y) = p_x(g^{-1}(y))\left|\frac{\partial x}{\partial y}\right| \tag{2.110}$$

或者等价地，

$$p_x(x) = p_y(x)\left|\frac{\partial g(x)}{\partial x}\right| \tag{2.111}$$

在高维空间中，微分运算扩展为雅克比矩阵（Jacobian Matrix）的行列式——矩阵的每一个元素为 $J_{i,j} = \dfrac{\partial x_i}{\partial y_j}$。因此，对于实值向量 x 和 y，有

$$p_x(x) = p_y(\dot x)\left|\det\frac{\partial g(x)}{\partial x}\right| \tag{2.112}$$

2.2.8 信息论

1948 年，美国科学家香农（C. E. Shannon）发表了题为《通信的数学理论》的学术论文，宣告了信息论的诞生。主要研究信息的测度、信道容量、信息率失真函数。它最初被发明是用来研究在一个含有噪声的信道上用离散的字母来发送消息，例如通过无线电传输来通信。这里主要使用信息论的一些关键思想来描述概率分布或者量化概率分布之间的相似性。

信息论的基本想法是消息所表达的事件越不可能发生，越不可预测，就会越使人感到惊讶和意外，信息量就越大。例如"今天下流星雨"这条消息比"今天下雨"这条消息包含更多的信息。前者的发生概率要小于后者，所以更使人感到惊讶和意外。

我们定义一个事件 $X = x$ 的自信息量为

$$I(x) = -\log p(x) \tag{2.113}$$

这里用 log 来表示自然对数，其底数为 e，所以 $I(x)$ 的单位是奈特（nat）。当然也有其他文献中使用底数为 2 的对数，单位是比特（bit）。

当信息源作为整体时，我们定义信息源各个消息的自信息量的数学期望（即概率加权的统计平均值）为信息源的平均信息量，称为香农熵（Shannon Entropy）：

$$H(x) = E(I(x)) = -E_{P_x}(\log P(x)) \tag{2.114}$$

也就是说当 x 是离散值时，

$$H(x) = -\sum_{i=1}^{n} p(x_i)\log p(x_i) \tag{2.115}$$

当 x 是连续值时，

$$H(x) = -\int p(x)\log p(x)\,\mathrm{d}x \qquad (2.116)$$

如果对于同一个随机变量 x 有两个单独的概率分布 $P(x)$ 和 $Q(x)$，可以使用 KL 散度 ［Kullback – Leibler（KL）Divergence］ 也叫作相对熵（Relative Entropy）来衡量这两个分布的差异：

$$D_{\mathrm{KL}}(P \parallel Q) = E_{p_x}\left[\log\frac{P(x)}{Q(x)}\right] = E_{p_x}\left[\log P(x) - \log Q(x)\right] \qquad (2.117)$$

在离散型变量的情况下，KL 散度衡量的是，当我们使用一种被设计成能够使得概率分布 Q 产生的消息的长度最小的编码，发送包含由概率分布 P 产生的符合的消息时，所需要的额外信息量。

KL 散度的特点是它是非负的，只有当两个随机分布 $Q(x)$ 和 $P(x)$ 相同时，其值为 0。当两个随机分布略有差异时，其值就会大于 0。其证明利用了负对数函数 $(-\ln x)$ 是严格的凸函数。这种特点意味着选择 $D_{\mathrm{KL}}(P \parallel Q)$ 还是 $D_{\mathrm{KL}}(Q \parallel P)$ 具有很大的影响。

一个和 KL 散度密切联系的量是交叉熵（Cross – entropy），即 $H(P,Q) = H(p) + D_{\mathrm{KL}}(P \parallel Q)$，它和 KL 散度很像，但是缺少左边一项：

$$H(P,Q) = -E_{P_x}(\log Q(x)) \qquad (2.118)$$

交叉熵可在神经网络（机器学习）中作为损失函数，P 表示真实标记的分布，Q 则为训练后的模型的预测标记分布，交叉熵损失函数可以衡量 P 与 Q 的相似性。交叉熵作为损失函数还有一个好处是使用 Sigmoid 函数在梯度下降时能避免均方误差损失函数学习率降低的问题，因为学习率可以被输出的误差所控制[16]。

2.2.9　结构化概率模型

机器学习的算法经常会涉及在很多的随机变量上的概率分布。通常，这些概率分布涉及的直接相互作用都是结余非常少的变量之间的。无论是在计算上还是在统计上，使用单个函数来描述整个联合概率分布是非常低效的。

我们可以把概率分布分解成许多因子的乘积形式，而不是使用单一的函数来表示概率分布。例如，假设我们有 3 个随机变量 a、b 和 c，并且 a 影响 b 的取值，b 影响 c 的取值，但是当 b 给定时，a 和 c 是独立条件。我们可以把全部 3 个变量的概率分布重新表示为两个变量的概率分布的连乘形式[17]：

$$p(a,b,c) = p(a)p(b|a)p(c|b) \qquad (2.119)$$

结构化概率模型为随机变量之间的直接作用提供了一个正式的建模框架。这种方式大大减少了模型的参数个数，以致于模型只需要更少的数据来进行有效的估计。这些更小的模型大大减小了在模型存储、模型推断以及从模型中采样时的计算开销[17]。

可以用图来描述这种分解，这种图称为结构化概率模型（Structured Probabilistic Model）或者图模型（Graphical Model）。有两种主要的结构化概率模型：有向的和无向的[15]。

有向（Directed）模型使用带有有向边的图，它们用条件概率分布来表示分解，就像上面的例子。特别地，有向模型对于分布中的每一个随机变量 x_i 都包含着一个影响因子，这个组成 x_i 条件概率的影响因子被称为 x_i 的父节点，记为 $\mathrm{Pag}(x_i)$。

$$p(x) = \prod_i p(x_i \mid \mathrm{Pag}(x_i)) \tag{2.120}$$

图 2-5 给出了一个有向图的例子以及它表示的概率分布的分解。
其用公式表示为

$$p(a,b,c,d,e) = p(a)p(b\mid a)p(c\mid a,b)p(d\mid b)p(e\mid c) \tag{2.121}$$

无向（Undirected）模型使用带有无向边的图，它们将分解表示成一组函数：不像有向模型那样，这些函数通常不是任何类型的概率分布。图中任何满足两两之间有边界的顶点的集合被称为团。无向模型中的每个团 $C^{(i)}$ 都伴随着一个因子 $\phi^{(i)}(C^{(i)})$。这些因子仅仅是函数，并不是概率分布[17]。每个因子的输出都必须是非负的，但是并没有像概率分布中那样要求因子的和或者积分为 1。

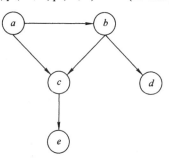

图 2-5　有向图模型示例图

随机变量的联合概率与所有这些因子的乘积成比例——这意味着因子的值越大，则可能性越大。当然，不能保证这种乘积的求和为 1。所以我们需要除以一个归一化常数 Z 来得到归一化的概率分布，归一化常数 Z 被定义为 ϕ 函数乘积的所有状态的求和或积分。概率分布为

$$p(x) = \frac{1}{Z}\prod_i \phi^{(i)}(C^{(i)}) \tag{2.122}$$

图 2-6 给出了一个无向图的例子以及它表示的概率分布的分解。
图 2-6 对应的概率分布可以分解为

$$p(a,b,c,d,e) = \frac{1}{Z}\phi^{(1)}(a,b,c)\phi^{(2)}(b,d)\phi^{(3)}(c,e) \tag{2.123}$$

图 2-6 的模型使我们能够快速看出来此分布的

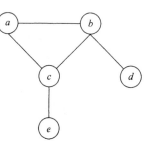

图 2-6　无向图示例模型

一些性质。例如，a 和 c 直接相互影响，但 a 和 e 只有通过 c 间接相互影响。

这些图模型表示的分解仅仅是描述概率分布的一种语言。它们不是互相排斥的概率分布族，有向或者无向不是概率分布的特性；它是概率分布的一种特殊描述所具有的特性，任何概率分布都可以用这两种方式进行描述。

2.3　拟合、梯度下降与传播

2.3.1　过拟合和欠拟合

深度学习的训练和测试过程，与我们在学校里的学习非常类似：我们通常在学校学习知识，而深度学习是为了更新模型的权重（Weight）和偏移（Bias）；我们有时候通过练习小测验来学习知识，深度学习通过训练集（Training Dataset）来学习这些权重和偏移；检验我们最终学习成果的方法就是期末考试，对于深度学习就是使用这些学习到的参数对测试集（Testing Dataset）检测；我们在学校学习的期末成绩越高，就代表我们的学习效果越好，对于深度学习，其学习效果的好坏叫作泛化（Generalization）能力，其泛化能力越好，表示其在测试集上的测试效果越好，而这里评价训练集上效果的好坏叫作训练误差（Training Error），评价测试集上效果的好坏叫作测试误差（Testing Error）。

学生在日常学习生活中，可能会遇到在做小测验的时候成绩不佳，可想而知，在期末考试的时候成绩也不理想。深度学习也有类似情况，深度学习在通过训练集学习参数时效果不佳（训练误差大），也就造成了模型在测试集上也不会取得较好的结果（测试误差大），我们把这种情况叫作欠拟合（Underfit）。

当然，在日常学习生活中，还会遇到另一种情况，在小测验之后我们已经学会了测验中的题目，但是在最终期末考试中还是没能取得好成绩。最简单的例子就是，小明同学背会了小测验的每道题的答案，但是期末考试时，题目中的数字改变了，小明还是不会做。类似地，对于深度学习，在训练集上误差较小，而在测试集上误差较大，我们把这种情况叫作过拟合（Overfit）。

也许有同学会发现，评价测试误差和训练误差只用大小来判断，难道没有客观量化的衡量标准？这里我们需要引入一个新的概念，即损失函数：

$$l = \sum_{i=1}^{N} (y_i - f(x_i))^2 \tag{2.124}$$

我们以预测房价为例，这里 i 表示房号，$i=10$ 表示第 10 套房子，y_i 表示第 i 套房子的实际价格，x_i 表示第 i 套房子的面积，$f(x_i)$ 就是我们的预测价格。所以我们可以理解损失函数就是

$$损失函数 = \sum_{i=1}^{n}(第\,i\,套房的实际价格 - 第\,i\,套房模型的预测价格)^2$$

$$(2.125)$$

这里的二次方项有些地方写为绝对值，其本质都是一样，只不过绝对值不方便计算机做求导运算，所以这也就说明了为什么有些损失函数前要加1/2，其原理也是为了二次方项求导后消除系数。

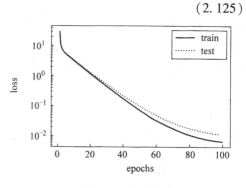

图 2-7　正常拟合

有了可以评价模型与真实值的客观标准——损失函数之后，我们再看看损失函数与过拟合和欠拟合的关系。如图 2-7 ~ 图 2-9 所示，其中标有 train 的实线，表示训练时的损失函数，标有 test 的虚线表示测试时的损失函数，横坐标 epochs 表示迭代次数，纵坐标 loss 表示损失函数。图 2-7 中，训练误差略小于测试误差，基本拟合；图 2-8 中，训练误差和测试误差值都较大，表示模型学习效果较差；图 2-9 中，训练误差远小于测试误差值，表示模型只是"记住"训练所用的样本，并不具备泛化能力。

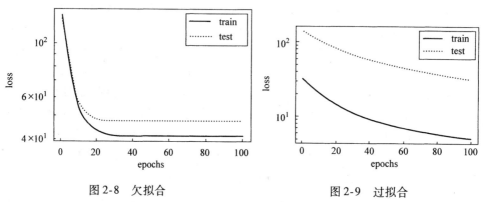

图 2-8　欠拟合　　　　　　　　图 2-9　过拟合

2.3.2　随机梯度下降

我们继续以拟合线性房价曲线为例，如图 2-10 所示，其中深灰色"×"表示样本，黑色实线表示真实房价的拟合曲线，浅灰色实线表示我们所拟合的房价模型曲线，损失函数的实际意义表示的是我们模型的曲线和实际房价曲线之间的相似程度，模型曲线越接近真实房价曲线，损失函数越低，反之，则损失函数越高。

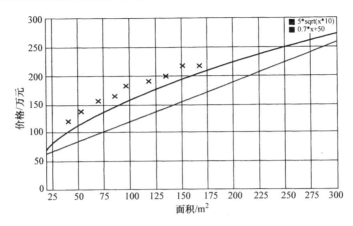

图 2-10　房屋面积与价格图

由于损失函数可以评价构建模型 $f(x_i)$ 与真实情况 y 的接近程度，假设真实房价的情况为 y_i，房屋面积为 x_i，与我们拟合的模型 $f(x_i)$ 的关系为

$$f(x_i) = wx_i + b \qquad (2.126)$$

那么下一步就是让计算机如何调整参数 w 和 b，以寻找最小的损失函数。这里就需要使用到著名的随机梯度下降法（Stochastic Gradient Descent）：

$$w = w - \frac{\eta}{\beta} \sum_{i \in \beta} \frac{\partial l}{\partial w} \qquad (2.127)$$

$$b = b - \frac{\eta}{\beta} \sum_{i \in \beta} \frac{\partial l}{\partial b} \qquad (2.128)$$

式中，η 为学习率；β 为批量数；l 为多批量的损失函数。需要说明的是 w 和 b 是不断更新的值，例如，使用初始化的 w 减去 $\frac{\eta}{\beta} \sum_{i \in \beta} \frac{\partial l}{\partial w}$ 后，赋值给 w，然后再使用更新后的 w 继续减去下一批量的 $\frac{\eta}{\beta} \sum_{i \in \beta} \frac{\partial l}{\partial w}$，从而求得局部最优 w。

我们应该如何理解随机梯度下降公式呢？

这里我们假设，损失函数为 $l = w^2 - 3w + 2$，为了方便观察，我们把 l 替换为 y，w 替换为 x，所以损失函数可写为 $y = x^2 - 3x + 2$，我们就把求 l 的最小值，转换成了求 y 的最小值。回想一下中学时的知识，我们可知损失函数的图形如图 2-11 所示，导数为 $2x - 3$，令 $2x - 3 = 0$，求解 $x = 1.5$，所对应的 y 就是最小值。

可是计算机并不会求导数方程，那么计算机是如何求导数的呢？我们还是以 $y = f(x) = x^2 - 3x + 2$ 为例，函数图如图 2-11，当 $x = 5$ 时，$y = 12$，$f'(5)$ 可由导数的定义求出：

$$\lim_{\nabla x \to 0} f'(5) = \frac{\nabla y}{\nabla x} = \frac{f(5 + \nabla x) - f(5)}{(5 + \nabla x) - 5} = \frac{(5 + \nabla x)^2 - 3(5 + \nabla x) + 2 - 12}{(5 + \nabla x) - 5}$$

$$(2.129)$$

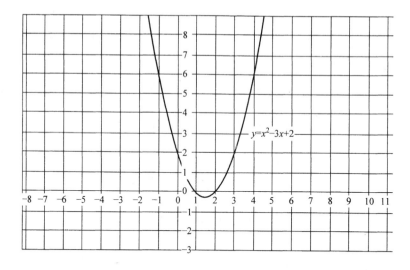

图 2-11　函数 $y = x^2 - 3x + 2$ 的图

计算机可以给 ∇x 赋值一个很小的值，例如 $\nabla x = 0.001$，代入就可以求出 $y' = 7.001$，其结果很接近求导公式的值，当 ∇x 取一个更小值时，其误差可以忽略。

那么计算机又是如何求极小值的呢？

我们还是以 $y = x^2 - 3x + 2$ 为例，由导数的特殊性可知，当 $x < 1.5$ 时，$f'(x) < 0$，当 $x > 1.5$ 时，$f'(x) > 0$，然后应用公式：$x = x - \eta f'(x)$，不断迭代 x，即可求出 $x \approx 1.5$。例如随机选取 $x = 1$，选取学习率 $\eta = 0.01$，$f'(1) = -1$，代入公式 $x = x - \eta f'(x) = 1 - 0.01 \times (-1) = 1.01$，$x$ 更新为 $x = 1.01$，发现 x 更接近于 1.5 了，然后继续代入更新后的 x：$x = x - \eta f'(x) = 1.01 - 0.01[2 \times (1.01) - 3]$，再次更新为 $x = 1.0198$，更接近 1.5 了，不断重复，就会非常接近 $x = 1.5$。这里 η 的大小也就代表迭代一次更接近最小值的速率，所以也就明白了 η 为什么叫学习率（Learning Rate）了。我们把训练之前的自身设定的参数叫作超参数（Hyperparameter），这里的学习率就是超参数，需要说明的是并不是所有较小的 η 都可以"找到"局部最小值，我们只有调整参数 η（简称调参）到合适值，才能求得局部最小值。

同理，$w = w - \dfrac{\eta}{\beta} \sum\limits_{i \in \beta} \dfrac{\partial l}{\partial w}$，这里 β 表示一个小批量，例如 $\beta = 10$，所以这里 $\dfrac{1}{\beta} \sum\limits_{i \in \beta} \dfrac{\partial l}{\partial w}$ 也就表示，这 10 个批量的关于 w 求导的平均值，不断迭代更新，可以求得较小损失函数的 w。

2.3.3　正向传播与反向传播

深度学习中经常会提到正向传播（Forward – propagation）和反向传播（Back – propagation），正向传播是数据从输入层到输出层正向地进行计算和存储等；反向传播刚好是从神经网络的输出层到输入层反向计算网络参数梯度。

为什么需要进行反向传播计算呢？

假设，我们现有方程 $q = zp$，$p = x + y$ 合并得 $q = z(x + y)$，我们把能够表示数据输入输出的计算过程图叫作计算图（Computational Graph），所以方程 $q = z(x + y)$ 的计算图如图 2-12 所示，这里我们把输入节点所在的层称为输入层（Input Layer），输出节点所在的层叫作输出层（Output Layer）。

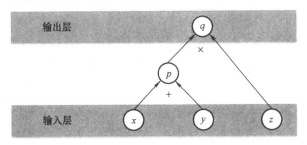

图 2-12　方程 $q = z(x + y)$ 的计算图

假如我们要计算梯度 $\dfrac{\partial q}{\partial x}$，回想高等数学中的链式法则可知，$\dfrac{\partial q}{\partial x} = \dfrac{\partial q}{\partial p} \cdot \dfrac{\partial p}{\partial x}$，分析可知，在求梯度时，我们并不能直接求出 $\dfrac{\partial q}{\partial x}$，需要从输出层从后向前地先求出 $\dfrac{\partial q}{\partial p}$，再通过链式求导才能求出 $\dfrac{\partial q}{\partial x}$。例如，我们令 $x = 1$，$y = 2$，$z = 3$，正向传播可得 $p = 3$，$q = 9$，反向传播可知 $\dfrac{\partial q}{\partial p} = \dfrac{\partial(zp)}{\partial p} = z = 3$，代入 $\dfrac{\partial q}{\partial x} = 3 \dfrac{\partial p}{\partial x} = 3 \dfrac{\partial(x + y)}{\partial x} = 3 \times 1 = 3$。这里我们也就可以明白了，为什么有些书中所说的正向传播和反向传播是穿插交替进行的。同理，更复杂的模型也是如此进行的。

所以，反向传播就是由于链式求导法则，从而需要反向计算梯度。

第 3 章　神经网络的架构

3.1　神经网络与神经元

　　神经网络中进行信息处理的基本单元是神经元，是对人类大脑中神经细胞的抽象模拟。图 3-1 所示为单个神经元的模型结构，神经元接收多个输入信号 x_1，x_2，$\cdots$，x_n，各个神经元之间以权值 w_1，w_2，$\cdots$，w_n 相连接，权值的大小代表了各个节点之间的相关性，b 为神经元的偏置，$f(\cdot)$ 为神经元的激活函数，通过不同的权值与激活函数可以得到不同的输出结果 y。

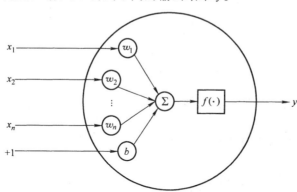

图 3-1　单个神经元的模型结构

则第 j 个神经元的输入输出关系可以表示为

$$y_j = f\left(\sum_{i=1}^{n} x_i w_{ij} + b_j \right) \tag{3.1}$$

式中，w_{ij} 为输入信号 x_i 与神经元 j 的连接权重；b_j 为神经元的偏置；$f(\cdot)$ 为神经元的激活函数；y_j 为神经元的输出。图 3-2 给出了单层神经网络的基本结构示意图。

　　从图 3-2 中可以看出左侧为神经网络输入层，输入层中神经元的个数由输入数据维度确定。中间是神经网络隐含层，隐含层是通过输入层来接收信息的，执行计算后将信息传递给输出层，隐含层的层数以及神经元的个数不是固定的，在

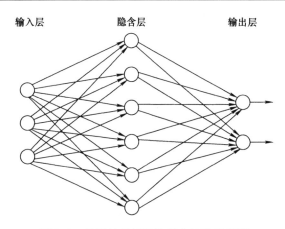

图 3-2 单层神经网络的基本结构示意图

不同的分类需要中会根据任务的不同进行设置。最右边是输出层，它的功能是将来自隐含层的信息进行输出，得出最后的分类结果，输出层的神经元个数由分类类别的数量来决定。

3.2 深度神经网络的概念与结构

3.2.1 深度神经网络的概念

目前，深度神经网络是许多人工智能应用的基础。深度神经网络是由多个单层非线性网络叠加而成的，常见的单层网络按照编码解码情况分为 3 类：只包含编码器部分、只包含解码器部分、既有编码器部分又有解码器部分。编码器提供从输入到隐含特征空间的自底向上的映射，解码器以重建结果尽可能地接近原始输入目标，将隐含特征映射到输入空间[18]。

人对于获取到的视觉信息，是进行分级处理的。在处理过程中，首先提取低级的目标特征（边缘特征到形状），其次是更高层的目标的行为动作等，整个过程将底层特征组合成了高级特征，抽象性逐渐变高[19]。深度神经网络则是借鉴了这个过程。

3.2.2 深度神经网络的结构

神经网络是一个链或一系列算法，旨在通过模拟人脑操作和分析的过程来识别提供给我们的一组已知数据中的关系。图 3-3 所示为深度神经网络的基本结构示意图，隐含层的数量越多，网络结构越深。神经网络的机制重新设计了输出标准，它可以适应不断变化的输入，因此生成的网络具有最佳的结果。该技术在人工智能、信号处理、模式识别等领域迅速得到普及。

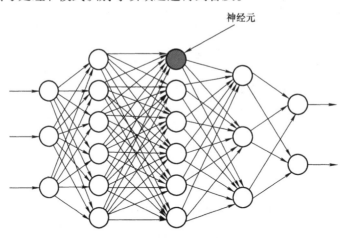

图 3-3　深度神经网络的基本结构示意图

神经网络最重要的特征是它们具有适应性，它们在不断的训练中通过学习来改变或适应自己。神经网络还可以提取并显示提供给其他算法的特征，以进行聚类和分类。因此，人们可以将深度神经网络视为涉及增强学习、分类和回归算法的大型机器学习应用的一部分。

3.3　深度神经网络的分类

3.3.1　前馈深度网络

前馈深度网络（Feed – Forward Deep Networks, FFDN）又叫前馈神经网络，是一种最简单的神经网络，由多个编码器层叠加而成，如多层感知机、卷积神经网络等，是目前应用最广泛的人工神经网络之一。

前馈神经网络是最初的人工神经网络模型之一，在这种网络中，信息只沿一个方向流动。从输入单元通过一个或多个隐含层到达输出单元，在网络中没有封闭环路，典型的前馈神经网络有多层感知机和卷积神经网络等。F. Rosenblatt 提出的感知机是最简单的单层前向人工神经网络，但随后 M. Minsky 等证明单层感知机无法解决线性不可分问题（如异或操作），这一结论将人工神经网络研究领域引入到一个低潮期，直到研究人员认识到多层感知机可解决线性不可分问题，以及反向传播算法与神经网络结合的研究，使得神经网络的研究重新开始成为热点。但是由于传统的反向传播算法，具有收敛速度慢、需要大量带标签的训练数据、容易陷入局部最优等缺点，多层感知机的效果并不是十分理想。

3.3.2　反馈深度网络

反馈深度网络（Feed – Back Deep Networks，FBDN）由多个解码器层叠加而成，如反卷积网络（Deconvolution Networks，DN）、层次稀疏编码（Hierarchical Sparse Coding，HSC）网络等[20]。

与前馈网络相比，反馈深度网络并不对输入信号进行编码，它通过对数据集进行学习或解反卷积，从而对输入信号进行反解。如果说前馈网络是对输入信号进行编码的过程，那么反馈网络就是对输入信号的解码过程。比较典型的反馈深度网络有反卷积网络、层次稀疏编码网络等[21]。以反卷积网络为例，M. D. Zeiler 等人提出的反卷积网络模型和 Y. LeCun 等人提出的卷积神经网络思想类似，但在实际的结构构件和实现方法上有所不同。层次稀疏编码网络和反卷积网络非常相似，只是在反卷积网络中对图像的分解采用矩阵卷积的形式，而在稀疏编码中采用矩阵乘积的方式[22,23]。

3.3.3　双向深度网络

双向深度网络（Bi – Directional Deep Networks，BDDN）通过叠加多个编码器层和解码器层构成（每层可能是单独的编码过程或解码过程，也可能既包含编码过程又包含解码过程），如深度玻尔兹曼机（Deep Boltzmann Machines，DBM）、栈式自编码器（Stacked Auto – Encoders，SAE）等。

双向深度网络的学习结合了前馈网络和反馈网络的训练方法，通常包括单层网络的预训练和逐层反向迭代误差两个部分。单层网络的预训练多采用贪心算法：每层使用输入信号I_L与权值w计算生成信号I_{L+1}传递到下一层，信号I_{L+1}再与相同的权值w计算生成重构信号I'_L映射回输入层，通过不断缩小I_L与I'_L间的误差，从而来训练每层网络。将网络结构中的各层网络进行预训练，之后再通过反向迭代误差对整个网络结构进行权值微调。其中对各层网络进行预训练是对输入信号编码和解码的重建过程，这个过程与训练反馈网络相似。对整个网络结构进行基于反向迭代误差的权值微调与前馈网络训练类似[24-27]。

3.4　自动编码器与玻尔兹曼机

3.4.1　自动编码器

1）自动编码器：自动编码器是使用通过自动学习得到的特征，进行精度的提高。这种特征是通过训练并调整神经网络中的参数得到的几种表示，这几种表示就是输入特征。

2）稀疏自动编码器：稀疏自动编码器是一种无监督机器学习算法，它的基本单元为自动编码器。与卷积神经网络不同的是，它按照一定的规则和训练方式对输入特征进行编码，则原始特征会被表示为新的低维向量。

自动编码器参数的训练是现在很普遍的一种技术，几乎采用任何一种连续化训练方法都可以来训练参数。但是其模型存在结构不偏向生成型的问题，使得无法通过联合概率等定量形式确定模型合理性。同时，由于稀疏性约束与深度学习特点的相关性，其在深度学习优化算法中的地位越来越重要。大量的训练参数使训练过程复杂，且训练输出的维数远比输入的维数高，会产生许多冗余的数据信息。加入稀疏性限制，会使学习到的特征更加有价值，同时这也符合人脑神经元响应稀疏性的特点。

3.4.2 玻尔兹曼机

1）受限玻尔兹曼机（Restricted Boltzmann Machine，RBM）：受限玻尔兹曼机是一种概率图模型，它可以用可用随机神经网络进行解释。随机网络中的"随机"指的是神经网络中的随机神经元，随机神经元的输出状态只有激活和未激活两种，这两种状态由概率统计法则决定。RBM 分为可见层（Visible Layer）和隐含层（Hidden Layer）。神经元之间的连接具有如下特点：可见层和隐含层内无连接，两层节点全连接，显然受限玻尔兹曼机具有两层结构。可见层的作用是用来描述观察数据的结构，隐含层则用来提取特征。

2）深度玻尔兹曼机：深度玻尔兹曼机是以受限玻尔兹曼机为基础的深度神经网络，由多个受限玻尔兹曼机叠加而成。网络中的中间层与相邻层之间的节点是双向连接的。深度玻尔兹曼机的训练分为两个阶段：第一是预训练阶段，第二是微调阶段。首先在预训练阶段，通过无监督的逐层贪心训练方法来训练每层网络的参数，即先训练第 1 个隐含层，然后接着训练第 2，3，…，n 个隐含层，最后这些训练好的网络参数值将作为整体网络参数的初始值。接下来是第二阶段，将训练好的每层受限玻尔兹曼机进行叠加，形成深度玻尔兹曼机，利用有监督的学习对网络进行训练（一般采用反向传播算法）。如果在深度玻尔兹曼机随机初始化权值以及微调阶段采用有监督的学习方法，那么网络会容易陷入局部最小值的状态，所以常常采用无监督预训练的方法，这样有利于避免网络陷入局部最小值问题[28,29]。

第 4 章　卷积神经网络

4.1　卷积神经网络的概念

卷积神经网络（Convolutional Neural Networks，CNN）是一种深度神经网络，同时，它也是一种带有卷积结构的有监督的模型架构，尤其是在二维数据结构的应用上，卷积神经网络的优势格外明显。目前科研人员对卷积神经网络的研究，主要应用在人脸识别、行人检测以及信号处理等领域。

传统意义上一般使用的神经网络是人工神经网络（Artificial Neural Networks，ANN），它与卷积神经网络之间最大的区别就在于权值共享以及非全连接。权值共享的好处是它能够很大程度地减少甚至避免算法的过拟合现象。卷积神经网络的基本思想就是通过拓扑结构，构建每一层与每一层之间的非全连接关系，从而使得训练参数的数目降低。

卷积神经网络就是通过学习多个能够提取输入数据特征的滤波器，逐层卷积池化，从而发现并逐级提取隐藏着的拓扑结构特征。卷积神经网络的实质：随着网络结构的加深，提取到的特征由表象逐渐变得抽象，最终获得带有数据平移、旋转及缩放不变性的特征表示。卷积神经网络相较于传统的 ANN 而言，可以同时进行特征的提取与分类，又能避免两者在算法匹配上的难点。图 4-1 所示为一个简单的卷积神经网络结构图，其作用是对图片中的目标进行分类。

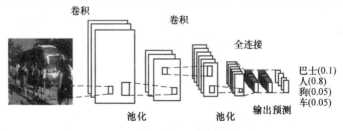

图 4-1　卷积神经网络结构图

交替重复出现的卷积层与下采样层构建了卷积网络结构。卷积层的作用是提取输入神经元数据的局部特征，下采样层对上层数据进行缩放映射，从而减少训练的数据量，并且兼具特征缩放不变性。在实际研究中，我们可以根据实际需求选择不同尺度的卷积核提取出多尺度特征。

权值共享的意义在于我们可以将输入图像经过卷积核卷积后，再通过激活函数转为特征图，而卷积层的特征图是可以由多个输入图像组合而成的，前提条件是同一幅输入图像的卷积核参数必须是一致的。

特别注意：卷积核的初始值是按照一定的标准预先设定，或者通过训练得到的。下采样层是通过降低网络空间的分辨率来达到增强缩放不变性的目的的。

卷积神经网络是受视觉系统结构启发而来的。第一个卷积神经网络计算模型是 Fukushima 提出来的，它通过神经元之间的局部连接来分层转换图像，并将相同参数的神经元应用在不同的位置，继而得到了一种具有平移不变性的神经网络。在此基础上，LeCun 等人进一步优化设计了一种基于误差梯度算法的卷积神经网络，并最终训练得到一些在模式识别上更加优越的性能。

基于卷积神经网络的模式识别系统可以说是目前为止最好实现的系统之一，尤其是在手写体的字符识别上，卷积神经网络表现出了优越的性能。在经过 LeCun 等人的改进后，卷积神经网络的结构变为了由卷积层和子抽样层两种不同类型的网络层组成，并且每层有一个拓扑结构，也就是说，在接收域内，每层的不同位置分布了很多不同的神经元，每个神经元都有一组输入权值，它们都与输入图像中某位置对应的二维编码信息相关联。

卷积神经网络是一种多层的感知机神经网络，每层由多个二维平面块组成，每个平面块由多个独立神经元组成。为了使网络具有变换不变性，就要求我们对结构进行一定的约束限制：

1）特征提取：神经元从上层的局部接收域得到输入并提取出局部特征。

2）特征映射：每个计算层由多个特征映射组成，存在形式均为二维平面，在一定的约束下，平面中的神经元共享同样的权值集。

3）子抽样：计算层紧跟在卷积层后，来实现局部平均和子抽样，从而降低特征映射的输出对图形变换的敏感度。卷积神经网络通过使用接收域的局部连接来限制网络结构。

卷积神经网络实质上就是实现一种从输入到输出的映射关系，且这些关系不需要任何精确的数学表达式，只需用已设定好的模式对网络进行训练，这种训练是有监督的，在开始训练前，需要用一些不同的小随机数对网络的各项权值进行初始化，训练完成后，该网络就可以具有这样的映射能力。

4.2　卷积神经网络的基本结构

卷积神经网络专门用来处理例如图像这类具有网格状拓扑结构的数据。数字图像包含一系列以网格状排列的像素，是视觉数据的二进制表示，其中，像素值表示每个像素的亮度和颜色，它就像人类的神经元在视野中的限定区域（生物视觉系统中被称为感受野）对刺激做出响应一样，卷积神经网络中的每一个神经元仅在其对应的感受野中处理数据。神经网络中的层级按照一定的模式排列，使得它们先检测简单的比如线条、曲线等图案，进而再检测更复杂的面和对象等。

卷积神经网络包括卷积层、池化层和全连接层，如图 4-2 所示为卷积神经网络的结构图。

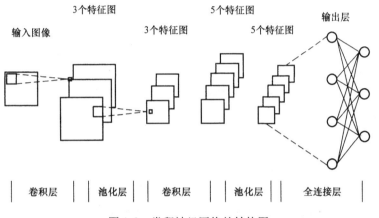

图 4-2　卷积神经网络的结构图

4.2.1　卷积层

卷积层（Convolutional Layer）是卷积神经网络的核心组成部分，它承担着网络计算的主要部分。卷积层在两个矩阵之间执行点积，其中一个矩阵是一组可学习的参数，被称为卷积核，另一个矩阵则是感受野区域。卷积核在空间上要比原始图像更小以及更深。这也就意味着，如果图像由三个通道组成（如 RGB 通道），则卷积核的高度和宽度在空间上都会很小，但是深度会扩展到所有的三个通道。卷积操作的公式为

$$x_j^l = f\left(\sum_{i \in M_j} x_i^{l-1} * k_{ij}^l + b_j^l \right) \tag{4.1}$$

式中，l 表示卷积的层数；符号 $*$ 代表卷积运算；k 代表卷积核；b 代表偏置；M_j 代表输入的局部感受野。

在前向传播的过程中，卷积核会在图像的高度和宽度上滑动，从而生成该接收区域的图像表示，我们将生成图像的二维表示称为激活映射。激活映射即为卷积核在图像空间的每个位置处的响应。在执行卷积操作的过程中，卷积核在图像上依次滑动，并将自身的值与图像相重叠的值相乘，每次重叠则输出一个值，然

后将这些值相加，直到遍历整个图像，卷积核滑动的大小称之为步长（Stride），图4-3表示了对图像进行卷积操作的过程。

4.2.2 池化层

池化层（Pooling Layer）与卷积层相连，位于卷积层之后，与卷积层交替出现。池化就是将一定范围内的像素经过池化压缩成为单个像素，不仅降低图片的尺寸，同时尽可能地保留有用信息。常用的池化方法一般有两种：平均值池化（Mean Pooling）

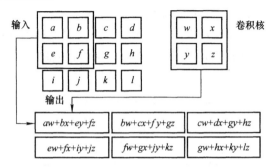

图4-3 卷积操作原理图（步长为1）

和最大值池化（Max Pooling）。平均值池化是对局部邻域内的特征点求平均值，而最大值池化则是选取局部邻域内特征点的最大值。两种常用池化方法的具体计算过程如图4-4所示。

假设输入图像大小为 4×4，池化层的窗口为 2×2，步长为2，则平均采样输出的就是相邻四个像素的平均值，最大采样输出的就是相邻四个像素的最大值，最终得到采样后的特征图。图像经过池化操作后，分辨率降低，网络的训练参数减少，从而有效地避免或者减少网络发生的过拟合现象。此外，下采样提取到的特征泛化

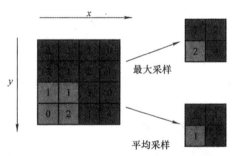

图4-4 两种常用的池化方法示意图

能力强，且具有平移、形变不变性。池化操作的公式为

$$x_j^l = f(\beta_j^l \text{down}(x_j^{l-1}) + b_j^l)$$ (4.2)

式中，down(·)表示池化函数；β 和 b 为输出特征图的参数。

4.2.3 全连接层

全连接层（Fully Connected Layer，FC）在整个网络中起到"分类器"的作用，将经过多次卷积运算后的高度抽象化的特征向量进行整合，并映射到样本标记空间，从而得到每个类别的分类概率。由于 Softmax 函数的更新方法与神经网络相似，所以在分类任务中一般使用 Softmax 函数来归一化输出预测概率，进而实现分类。

Softmax 函数是一种在多分类问题中的推广，其数学表达式为

$$S_j = \frac{e^{a_j}}{\sum_{k=1}^{N} e^{a_k}} \, \forall_j \in 1, \cdots, N \tag{4.3}$$

式中，N 代表类别数目，是处理归一化问题的指数函数。归一化问题既是要求各个神经元的函数值在 $0 \sim 1$ 之间，且所有概率值相加之和为 1，然后选取概率值最大的作为输出，也就是最终的识别结果。

LeCun 等人在 1998 年提出了一种卷积神经网络的模型，名为 LeNet -5，在 MNIST 手写数字数据集上取得了很好的性能，并成为卷积神经网络的一种典型结构，现阶段，这项技术已被美国大多数银行应用在了支票上的手写数字识别。LeNet -5 模型的网络结构如图 4-5 所示，该模型一共由八层组成，输入为 32×32 的手写数字图像，经过两组卷积层与池化层的运算来逐层提取特征，最后通过多个全连接层实现手写数字 $0 \sim 9$ 这十个类别的分类。

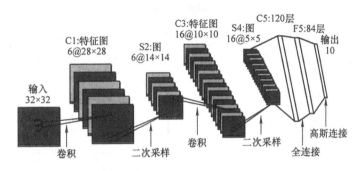

图 4-5 LeNet -5 模型的网络结构

4.3 非线性层与激活函数

对于深层神经网络来说，若将各个神经元进行线性组合，则神经网络中的各层都在做线性变换，仅适合处理线性可分的分类问题。但在具体应用中，大多数网络是线性不可分的，这就需要引入非线性函数（也称激活函数），使网络可以学习到更复杂的曲线，表达能力变得更强。目前常用的非线性激活函数有：Sigmoid、Tanh 和 Relu。三种激活函数的曲线图如图 4-6 所示。

4.3.1 Sigmoid 激活函数

Sigmoid 激活函数的数学表示为

$$y = \frac{1}{1 + e^{-x}} \tag{4.4}$$

Sigmoid 激活函数也可以被称为逻辑曲线，值域为（0，1）。在二分类的问

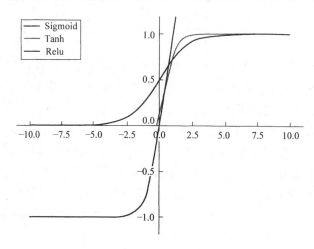

图4-6 三种激活函数的曲线图

题中，Sigmoid 函数能有效地估计输出概率。但 Sigmoid 函数不是以 0 为中心，如图 4-7 所示，它的纵坐标在 0 和 1 附近几乎是平坦的，也就是说 Sigmoid 函数在

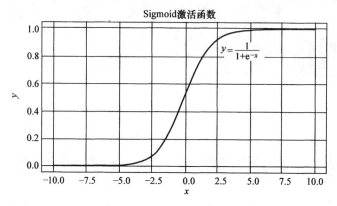

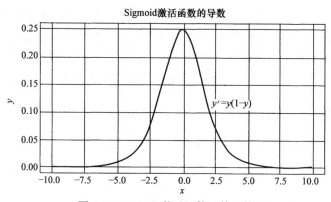

图 4-7 Sigmoid 激活函数及其导数

0和1附近的梯度接近于0。这也就意味着，在经过激活函数进行反向传播的过程中，当输入极大或极小时，神经元的梯度几乎为0，即出现饱和。于是在之后的训练中，这些饱和的神经元的权重也就不会更新，且相连的相近的神经元的权重也会缓慢更新。因此，我们在进行神经网络的训练时，便会出现梯度消失的现象，从而导致反向传播的神经网络训练变得缓慢或停止。此外，exp函数的计算开销也高于其他非线性激活函数。

4.3.2 Tanh函数

Tanh函数的数学表达式是

$$y = \frac{e^x + e^{-x}}{e^x + e^{-x}} \tag{4.5}$$

Tanh函数也被称为双曲正切激活函数，值域是（−1，1），图4-8所示为Tanh激活函数及其导数。Tanh函数和Sigmoid函数有一样的渐近性，但它们的激活范围不同，Tanh函数的输出是以0为中心的。以原点为对称中心的特性使得Tanh函数在优化过程中产生的权重的摆幅更小，也就可以更快地收敛。但由于它也会在端值趋于饱和，所以还是会产生梯度消失的问题。

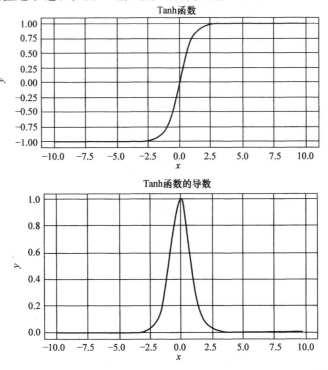

图4-8 Tanh函数及其导数

4.3.3 Relu 函数

Relu 函数的数学表达式为

$$y = \max\ (0,\ x)\ = 0,\ \text{if}\, x < 0$$
$$y = \max\ (0,\ x)\ = x,\ \text{if}\, x \geqslant 0 \tag{4.6}$$

Relu 函数就是将线性修正单元用简单的阈值化来实现,因此它的计算效率更高,收敛得也就更快。如图 4-9 所示,在 $x > 0$ 的区域,Relu 函数的导数为常数,不会饱和,也就解决了训练过程中可能出现的梯度消失问题,不用担心会发生梯度衰减的情况;在 $x < 0$ 的区域,神经元处于非激活状态,函数的梯度为 0,网络变得稀疏,网络的计算量减少,此时可采用 Leaky Relu 来解决梯度消失问题;$x = 0$ 处的梯度未定义,此时可采用左侧或右侧梯度来解决该问题。此外,利用 Relu 作为激活函数可以增加神经元输出的稀疏性,收敛速度会快于 Sigmoid 和 Tanh 函数,从而加速卷积运算。

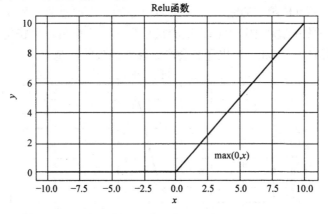

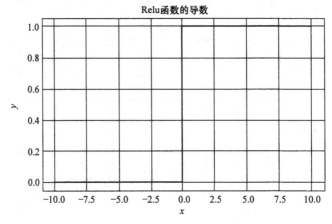

图 4-9 Relu 函数及其导数

4.4 感受野与权值共享

卷积神经网络的局部感受野与权值共享特性使其区别于其他深层次神经网络结构。与全连接网络不同，卷积神经网络中每层输出的特征图里的像素点仅取决于特定的局部输入区域，它所映射区域的大小即为影响特定输出单元的感受野。由于感受野之外的输入图像不受固定像素点输出的影响，因此，选定合适的感受野并确保覆盖所有所需的图像区域十分重要。

4.4.1 局部感受野

局部感受野是指卷积层的神经元只与其前一层的部分神经元连接，这样神经元只对局部视觉特征敏感，从而将图像中局部空间（例如端点、边缘和角落）的特征挖掘出来。同时，这样可以大幅度地减少参数数量，加快训练速度，并且在一定程度上减少过拟合现象的发生，卷积神经网络的局部感知特性如图 4-10 所示。

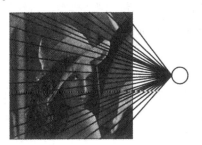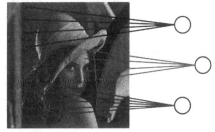

图 4-10 卷积神经网络的局部感知特性

4.4.2 权值共享

权值共享意味着相邻两层神经元间连接的参数是一样的，也就是一个卷积层共享一个卷积核，这样就可以减少所需的训练参数，加快训练速度。假设某网络采用的是局部连接方式，那么当每个神经元只与图像中 10×10 的区域进行连接时，无论神经元的数目有多大，所需的训练参数都是这 10×10 个参数。但在实际情况中，想要提取一张图片中例如纹理、边缘等不同的特征，需要设置多个卷积核来完成对于不同特征的提取，从而达到精确表达图像所包含的全部信息的目的。如图 4-11 中，不同的颜色标识出了不同类型卷积核提取不同特征的情况，CNN 中训练参数的数量只与选取的卷积核的大小与数目有关，与隐含层中神经元的个数无关。

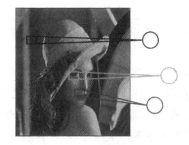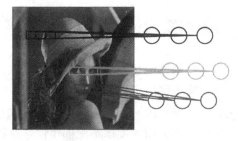

图 4-11　卷积神经网络的权值共享特性

　　卷积神经网络独特的局部感受野和权值共享，使其能够大幅度有效地减少模型的训练参数，从而降低模型的复杂度和计算量，提高网络运行速度。

4.5　卷积神经网络与反卷积神经网络

　　卷积神经网络是一种自底向上的方法。每层的输入信号经卷积、非线性变换和下采样 3 个阶段处理得到多层信息。相比之下，反卷积网络模型的每层信息是自顶向下的，它通过滤波器组学习到的卷积特征来重构输入信号。

4.5.1　卷积神经网络及其特点

　　1）单层卷积神经网络：卷积阶段就是通过提取信号的不同特征，来观测输入信号，并且每个卷积核检测出的特定特征权值共享。不同的卷积核提取输入特征图上的不同特征。将每个特征图记为 x_i，输入由 n_1 个 $n_2 \times n_3$ 大小的二维特征图构成的三维数组，则输出为 m_1 个 $m_2 \times m_3$ 大小的特征图构成的三维数组，记为 y，连接输入 x_i 和输出 y_i 的权值记为 w_{ii}，即局部感受野的大小为 $k_2 \times k_3$。

　　我们在对卷积得到的特征进行筛选的时候，通常采用的是非线性变换的方式，这样可以避免线性模型表达能力的不足。非线性阶段就是将输入进行非线性映射 $R = h(y)$。传统卷积神经网络中一般采用 Sigmoid、Tanh 或 Softmax 等饱和非线性函数，近几年多采用不饱和非线性函数 Relu。尤其是 Relu 在训练梯度下降方面收敛速度的优越性，使得它的训练速度也比传统的方法快很多。

　　在下采样阶段对每个特征图进行独立操作，通常采用平均池化（Average Pooling）或最大池化（Max Pooling）。平均池化是计算邻域窗口内的像素均值，平移步长大于 1；最大池化则和均值同理，但替换为最值输出到下个阶段。池化操作后，输出特征图的分辨率降低，但保持原特征图描述的特征。

　　2）卷积神经网络：将单层的卷积神经网络进行多次堆叠，前一层的输出作为后一层的输入，便构成了卷积神经网络。最后一层的特征图输出后接一个全连接层和分类器。为了减少数据的过拟合，近几年通常在训练过程中按一定的概率 P 将隐含层节点的输出值清 0，当用反向传播算法来更新权值时，便不再更新与该节点相连的权值。

3）卷积神经网络的特点：卷积神经网络采用原始信号直接作为网络的输入，避免了传统识别算法中复杂的特征提取和图像重建过程。并且采用局部感受野的方式获取的特征不受平移、缩放和旋转的干扰。同样地，在卷积阶段利用权值共享结构也大大地减少了权值的数量，从而降低了网络模型的复杂度。同时，下采样阶段在保留有用结构信息的同时进行子抽样，有效地减少了数据的处理量。

4.5.2 反卷积神经网络及其特点

1）单层反卷积网络：指的是通过先验学习，对信号进行稀疏分解和重构的正则化方法。

2）反卷积网络：将单层反卷积网络进行叠加。在多层模型中，第 L 层的特征图和滤波器是由第 $L-1$ 层的特征图通过反卷积计算分解获得。反卷积网络在训练的时候，使用的是一组不同的信号 y，然后求解 $C(y)$，并进行滤波器组 f 和特征图 z 的迭代交替优化。

3）反卷积网络的特点：通过求解最优化输入信号来分解问题并计算特征，这样能使隐含层的特征计算得更加精准，更有利于信号的分类或重建。

4.6 卷积神经网络的训练

卷积神经网络的训练主要分为前向传播和后向传播两个阶段：

1）前向传播阶段：从样本集中抽取一个样本 $(X，Y_n)$，将 X 输入给网络，信息经过逐级变换从输入层传送到输出层，并计算相应的实际输出 O_p。

2）后向传播阶段：后向传播也被称为误差传播。计算实际输出 O_p 与理想输出 Y_p 的差异，按最小化误差调整权值矩阵。

卷积神经网络的特征检测层通过训练数据来进行学习，而且同一特征映射面上的神经元权值相同，权值共享降低了网络的复杂性，特别是多维向量的图像可以直接输入网络这一特点，有效地降低特征提取和分类过程中数据重建的复杂度。

卷积神经网络的成功主要依赖于两个假设：

1）每个神经元输入较少，有利于梯度进行多层传播；

2）分层局部连接结构是极强的先验结构，基于梯度的优化算法就能得到很好的学习效果。

第 5 章　循环神经网络

5.1　RNN 的概念

循环神经网络（Recursive Neural Network，RNN）就是以序列数据信息作为输入，在时序关系的演进方向上对所有循环节点进行递归，这样按照链式连结方式组成了闭合回路。CNN 适合处理空间数据，RNN 擅长处理如人体动作识别、自然语言处理和语音识别等与时序相关的任务。另外，RNN 有两种常见的改进形式，分别是双向循环神经网络（Bi – directional Recurrent Neural Network，BRNN）和长短期记忆网络（Long Short – Term Memory，LSTM）。其中，BRNN 可以充分记录序列的上下文信息，而 LSTM 可以较好地解决长时序序列情况下的梯度爆炸或梯度消失等问题[9]。

传统神经网络是通过全连接把输入层与隐含层和输出层连接起来的，而中间隐含层节点之间是无连接的，因此在处理具有时间关系的语音、文本、视频等数据时，传统神经网络无法将时序信息连接起来。随着 RNN 的提出，克服了这一困难，其将隐含层之间的节点联系起来——某一时刻 t 时的隐含层的输入不仅与 t 时刻的输入有关，同时还与 $t-1$ 时刻的隐含层有关，从而将整个时间序列联系起来。RNN 通过在网络中引入定向循环，在相邻节点处连接输入层与隐含层和隐含层与输出层进行信息的传递，将信息传递到下一层，使得网络具有记忆功能。因此，RNN 能够更好地处理具有时间关联的学习任务。

5.2　RNN 的结构

典型的 RNN 结构如图 5-1 所示，左边为 RNN 的理论形式，右边为 RNN 在时间维度上的展开形式。

图 5-1 中 x 为网络的输入，y 为输出，h 为隐含层的输出，U 为输入层与隐含层的连接权重，W 为隐含层之间的连接权重，V 为隐含层与输出层的连接权重，U、W、V 在每一时刻都是相同的，RNN 的传播过程可用如下公式表示：

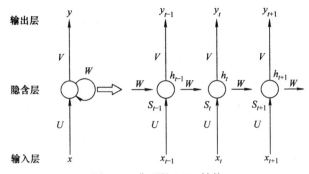

输出层

隐含层

输入层

图 5-1 典型的 RNN 结构

$$h_t = f(Ux_t + Wh_{t-1} + b_h) \tag{5.1}$$

$$y_t = \text{Softmax}(Vh_t + b_y) \tag{5.2}$$

式中，U、W、V 是 RNN 中需要学习的参数；f 是非线性激活函数；h_{t-1} 是 $t-1$ 时刻隐含层的状态；b_h 和 b_y 为偏置项。由式（5.1）和式（5.2）可知，t 时刻隐含层的输出不仅与 t 时刻的输入有关，与 $t-1$ 时刻隐含层的输出也有关，而 $t-1$ 时刻隐含层的输出又与 $t-1$ 时刻的输入有关。由此可知，t 时刻隐含层的输出与之前所有时刻的输入都有关系。

5.3 RNN 的训练

RNN 的训练算法为基于时间的反向传播算法（Back Propagation Trough Time，BPTT），将 RNN 展开之后，前向传播（Forward Propagation，FP）是依次按照时间的顺序计算一次就好了，反向传播（Back Propagation，BP）与普通神经网络相似，是从最后一个时间开始，传递回累积的损失[30]。

5.3.1 反向传播算法的原理

BPTT 的基本原理和 BP 算法一致，同样是 3 步：

1）按照输入到输出的方向（前向），计算网络的输出值；

2）反向计算每个神经元的误差项值，它是损失函数对神经元的加权输入的偏导数；

3）计算每个权重的梯度[31]。

最后使用优化算法更新权重。BPTT 的思路和 BP 算法相同，都是通过优化权重参数，按照梯度值寻求最优点的过程。BPTT 算法是基于时间序列的反向传播[32]。

5.3.2 反向传播算法的步骤

（1）前向计算

在式（5.3）和式（5.4）中，S_t 和 x_t 的右下标表示各变量的维度，S 的下标表示这个向量的第几个元素，上标代表时刻[33]。计算隐含层 S 以及它的矩阵形式：

$$S_t = f(vx_t + ws_{t-1}) \tag{5.3}$$

$$\begin{pmatrix} S_1^t \\ \vdots \\ S_i^t \\ \vdots \\ S_n^t \end{pmatrix} = f\left\{ \begin{bmatrix} u_{11} \cdots u_{1m} \\ \vdots \quad \vdots \\ u_{n1} \cdots u_{nm} \end{bmatrix} \begin{pmatrix} x_1^t \\ \vdots \\ x_m^t \end{pmatrix} + \begin{bmatrix} w_{11} \cdots w_{1n} \\ \vdots \quad \vdots \\ w_{n1} \cdots w_{nn} \end{bmatrix} \begin{pmatrix} S_1^{t-1} \\ \vdots \\ S_n^{t-1} \end{pmatrix} \right\} \tag{5.4}$$

（2）误差项的计算

BPTT 算法是把某一时刻的误差值，沿时间线和网络结构层方向同时传播。按照时间线，就是传递到初始时刻，且只与权重矩阵 W 有关。按照网络结构层线就是传递到上一层网络[34]。如图 5-2 所示。

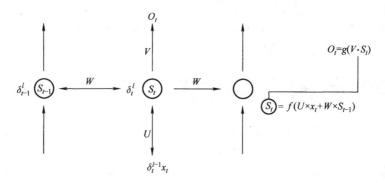

图 5-2　BPTT 算法图示

所以，就是要求这两个方向的误差项的公式，将误差项沿时间反向传播可求得任意时刻 k 的误差项[35]：

$$
\begin{aligned}
\delta_K^T &= \frac{\partial E}{\partial \mathrm{net}_k} \\
&= \frac{\partial E}{\partial \mathrm{net}_t} \frac{\partial \mathrm{net}_t}{\partial \mathrm{net}_k} \\
&= \frac{\partial E}{\partial \mathrm{net}_t} \frac{\partial \mathrm{net}_t}{\partial \mathrm{net}_{t-1}} \frac{\partial \mathrm{net}_{t-1}}{\partial \mathrm{net}_{t-2}} \cdots \frac{\partial \mathrm{net}_{k+1}}{\partial \mathrm{net}_k} \\
&= W \mathrm{diag}[f^l(\mathrm{net}_{t-1})] W \mathrm{diag}[f^l(\mathrm{net}_{t-2})] \cdots W \mathrm{diag}[f^l(\mathrm{net}_k)] \delta_t^l \\
&= \delta_t^T \prod_{i=k}^{t-1} W \mathrm{diag}[f^l(\mathrm{net}_i)]
\end{aligned} \tag{5.5}
$$

用向量net$_j$表示神经元在 t 时刻的加权输入：

$$\text{net}_j = U_{x_t} + W_{S_{t-1}} \tag{5.6}$$

$$S_{t-1} = f(\text{net}_{t-1}) \tag{5.7}$$

可以得到：

$$\frac{\partial \text{net}_t}{\partial \text{net}_{t-1}} = \frac{\partial \text{net}_t}{\partial s_{t-1}} \frac{\partial s_{t-1}}{\partial \text{net}_{t-1}} \tag{5.8}$$

$$\frac{\partial \text{net}_t}{\partial s_{t-1}} = W$$

第二项是一个雅可比矩阵：

$$\frac{\partial s_{t-1}}{\partial \text{net}_{t-1}} = \begin{bmatrix} \dfrac{\partial s_1^{t-1}}{\partial \text{net}_1^{t-1}} & \dfrac{\partial s_1^{t-1}}{\partial \text{net}_2^{t-1}} & \cdots & \dfrac{\partial s_1^{t-1}}{\partial \text{net}_n^{t-1}} \\[2ex] \dfrac{\partial s_2^{t-1}}{\partial \text{net}_1^{t-1}} & \dfrac{\partial s_2^{t-1}}{\partial \text{net}_2^{t-1}} & \cdots & \dfrac{\partial s_2^{t-1}}{\partial \text{net}_n^{t-1}} \\[2ex] \vdots & \vdots & \vdots & \vdots \\[2ex] \dfrac{\partial s_n^{t-1}}{\partial \text{net}_1^{t-1}} & \dfrac{\partial s_n^{t-1}}{\partial \text{net}_2^{t-1}} & \cdots & \dfrac{\partial s_n^{t-1}}{\partial \text{net}_n^{t-1}} \end{bmatrix}$$

$$= \begin{bmatrix} f^l(\text{net}_1^{t-1}) & 0 & \cdots & 0 \\ 0 & f^l(\text{net}_2^{t-1}) & 0 & 0 \\ 0 & 0 & \cdots & 0 \\ 0 & 0 & \cdots & f^l(\text{net}_n^{t-1}) \end{bmatrix}$$

$$= \text{diag}[f^l(\text{net}_{t-1})] \tag{5.9}$$

最后，将两项合在一起，可得：

$$\frac{\partial \text{net}_t}{\partial \text{net}_{t-1}} = \frac{\partial \text{net}_t}{\partial s_{t-1}} \frac{\partial s_{t-1}}{\partial \text{net}_{t-1}} = W * \text{diag}[f^l(\text{net}_{t-1})] \tag{5.10}$$

式（5.10）中，对于任意时刻 k 的误差项 δ_K，可以根据 δ 沿时间向前传递一个时刻的规律求得：

$$\delta_K^T = \frac{\partial E}{\partial \text{net}_k} = \frac{\partial E}{\partial \text{net}_t} \frac{\partial \text{net}_t}{\partial \text{net}_{t-1}} \frac{\partial \text{net}_{t-1}}{\partial \text{net}_{t-2}} \cdots \frac{\partial \text{net}_{k+1}}{\partial \text{net}_k}$$

$$= \delta_t^T W \text{diag}[f^l(\text{net}_{t-1})] W \text{diag}[f^l(\text{net}_{t-2})] \cdots W \text{diag}[f^l(\text{net}_k)]$$

$$= \delta_t^T \prod_{i=k}^{t-1} W \text{diag}[f^l(\text{net}_i)] \tag{5.11}$$

如式（5.11），按照时间反向传播的算法可得误差项。

而循环层与普通全连接层相同，把误差项反向传递到上一层。循环层的加权输入 net^l 与上一层的加权输入 net^{l-1} 的关系如下：

$$\text{net}_t^l = U a_t^{l-1} + W s_{t-1} \tag{5.12}$$

$$a_t^{l-1} = f^{l-1}(\text{net}_t^{l-1}) \tag{5.13}$$

式中，t 时刻的 net^l 是第 1 层神经元的加权输入；t 时刻的 net^{l-1} 是 $l-1$ 层神经元的加权输入；a_t^{l-1} 是第 $l-1$ 层神经元的输出；f 为激活函数。

所以可以得到如下结论：

$$\frac{\partial \text{net}_t^l}{\partial \text{net}_t^{l-1}} = \frac{\partial \text{net}_t^l}{\partial a_t^{l-1}} \frac{\partial a_t^{l-1}}{\partial \text{net}_t^{l-1}} = U * \text{diag}[f^{l-1}(\text{net}_t^{l-1})] \tag{5.14}$$

$$\delta_t^{l-1} = \frac{\partial E}{\partial \text{net}_t^{l-1}} = \frac{\partial E}{\partial \text{net}_t^l} \frac{\partial \text{net}_t^l}{\partial \text{net}_t^{l-1}} = \delta_t^l * U * \text{diag}[f^{l-1}(\text{net}_t^{l-1})] \tag{5.15}$$

主要就是用了链锁反应和雅可比矩阵，下面是具体的推导过程。

$$\delta_k^t = \frac{\partial E}{\partial \text{net}_k}$$

$$= \frac{\partial E}{\partial \text{net}_t} \frac{\partial \text{net}_t}{\partial \text{net}_{t-1}} \cdots \frac{\partial \text{net}_{k+1}}{\partial \text{net}_k}$$

$$\delta_t^l \qquad \frac{\partial \text{net}_t}{\partial \text{net}_{t-1}} = \frac{\partial \text{net}_t}{\partial S_{t-1}} \frac{\partial S_{t-1}}{\partial \text{net}_{t-1}} \qquad W * \text{diag}[f^l(\text{net}_k)]$$

$$= W * \text{diag}[f^l(\text{net}_{t-1})]$$

$$= \delta_t^l \times \prod_{i=k}^{t-1} W \text{diag}[f^l(\text{net}_i)]$$

$$\frac{\partial \text{net}_t}{\partial \text{net}_{t-1}} = \frac{\partial \text{net}_t}{\partial S_{t-1}} \times \frac{\partial S_{t-1}}{\partial \text{net}_{t-1}}$$

$$\underset{n*1}{\underline{\underline{\text{net}_t}}} = v x_t + \underset{n*1}{\underline{\underline{w s_{t-1}}}} \qquad \underset{n*1}{\underline{\underline{S_{t-1}}}} = \underset{n*1}{\underline{\underline{f(\text{net}_{t-1})}}}$$

$$\frac{\partial net_t}{\partial S_{t-1}} = \begin{bmatrix} \frac{\partial net_1^t}{\partial S_1^{t-1}} & \frac{\partial net_1^t}{\partial S_2^{t-1}} & \cdots & \frac{\partial net_1^t}{\partial S_n^{t-1}} \\ & \frac{\partial net_2^t}{\partial S_2^{t-1}} & & \\ & \vdots & & \\ \frac{\partial net_n^t}{\partial S_n^{t-1}} & & & \frac{\partial net_n^t}{\partial S_n^{t-1}} \end{bmatrix} \frac{\partial S_{t-1}}{\partial net_{t-1}} = \begin{bmatrix} \frac{\partial S_1^{t-1}}{\partial net_1^{l-1}} & \frac{\partial S_2^{t-1}}{\partial net_2^{l-1}} & \cdots & \frac{\partial S_n^{t-1}}{\partial net_n^{l-1}} \\ & \frac{\partial S_2^{t-1}}{\partial net_2^{l-1}} & & \\ & \vdots & & \\ & \frac{\partial S_n^{t-1}}{\partial net_n^{l-1}} & & \frac{\partial S_n^{t-1}}{\partial net_n^{l-1}} \end{bmatrix}$$

$$= W \qquad\qquad = \begin{bmatrix} f^l(net_1^{t-1}) & & & \\ & f^{l-1}(net_2^{t-1}) & & \\ & & \ddots & \\ & & & f^{l-1}(net_n^{t-1}) \end{bmatrix}$$

$$= diag[f^l(net_{t-1})]$$

其中 S 和 net 的关系如图 5-3 所示，有助于理解求导公式。

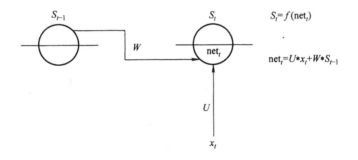

图 5-3　S 和 net 的关系图

误差项向上一层传递：

$$(\delta_t^{l-1})^T = \frac{\partial E}{\partial net_t^{l-1}}$$

$$= \frac{\partial E}{\partial net_t^l} \frac{\partial net_t^l}{\partial net_t^{l-1}}$$

$$= (\delta_t^l)^T U diag[f^{l-1}(net_t^{l-1})] \qquad (5.16)$$

如同普通全连接层算法：

$$\delta_t^{l-1} = \frac{\partial E}{\partial \text{net}_t^{l-1}}$$

$$= \frac{\partial E}{\partial \text{net}_t^l} \frac{\partial \text{net}_t^l}{\partial \text{net}_t^{l-1}}$$

$$\delta_t^l \quad \frac{\partial \text{net}_t^l}{\partial \text{net}_t^{l-1}} = \frac{\partial \text{net}_t^l}{\partial a_t^{l-1}} \times \frac{\partial a_t^{l-1}}{\partial \text{net}_t^{l-1}} \qquad\qquad "S_t^{l-1}"$$

$$\text{net}_t^l = v \times a_t^{l-1} + w \times S_{t-1} \qquad a_t^{l-1} = f^{l-1}(\text{net}_t^{l-1})$$

$$\frac{\partial \text{net}_t^l}{\partial a_t^{l-1}} = v \qquad\qquad \frac{\partial a_t^{l-1}}{\partial \text{net}_t^{l-1}} = \text{diag}[f^{l-1}(\text{net}_t^{l-1})]$$

$$= \delta_t^l \times v \times \text{diag}[f^{l-1}(\text{net}_t^{l-1})]$$

其中 net 的 l 层 和 $l-1$ 层的关系如图 5-4 所示。

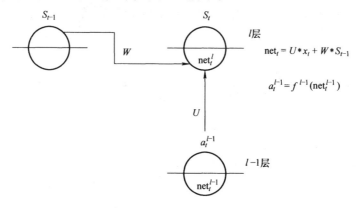

图 5-4　net 的 l 层和 $l-1$ 层的关系

最后：计算每个权重的梯度，循环层权重矩阵 W 的梯度的计算公式：

$$\nabla wE = \sum_{i=1}^t \nabla_{w_i}E$$

$$= \begin{bmatrix} \delta_1^t s_1^{t-1} & \delta_1^t s_2^{t-1} & \cdots & \delta_1^t s_n^{t-1} \\ \delta_2^t s_1^{t-1} & \delta_2^t s_2^{t-1} & \cdots & \delta_2^t s_n^{t-1} \\ \vdots & \vdots & \ddots & \vdots \\ \delta_n^t s_1^{t-1} & \delta_n^t s_2^{t-1} & \cdots & \delta_n^t s_n^{t-1} \end{bmatrix} + \cdots + \begin{bmatrix} \delta_1^1 s_1^0 & \delta_1^1 s_2^0 & \cdots & \delta_1^1 s_n^0 \\ \delta_2^1 s_1^0 & \delta_2^1 s_2^0 & \cdots & \delta_2^1 s_n^0 \\ \vdots & \vdots & \ddots & \vdots \\ \delta_n^1 s_1^0 & \delta_n^1 s_2^0 & \cdots & \delta_n^1 s_n^0 \end{bmatrix} \qquad (5.17)$$

t 时刻对权重矩阵的梯度算法，参考权重矩阵 W 的计算方式：

$$\nabla u_t E = \begin{bmatrix} \delta_1^t x_1^t & \delta_1^t x_2^t & \cdots & \delta_1^t x_m^t \\ \delta_2^t x_1^t & \delta_2^t x_2^t & \cdots & \delta_2^t x_m^t \\ \vdots & \vdots & \ddots & \vdots \\ \delta_n^t x_1^t & \delta_n^t x_2^t & \cdots & \delta_n^t x_m^t \end{bmatrix} \quad\quad (5.18)$$

5.4　RNN 的实现

5.4.1　梯度爆炸与梯度消失

由于 RNN 在训练中很容易发生梯度爆炸和梯度消失的现象，导致较长的序列不能较好地传递下去，会丢掉一些输入信息，因此对于较长的序列 RNN 不能较好地处理。对于梯度消失问题有 3 种应对方法：

1）合理的初始化。初始化权重时，虽然随机初始化，但是应避开极大值或极小值。

2）由于使用 Sigmoid 和 Tanh 作为激活函数会使部分权重趋于零，容易产生梯度消失，所以应选用 Relu 作为激活函数。

3）使用优化后的 RNN，比如长短时记忆网络（LSTM）和 GRU（Gated Recurrent Unit），这是很常见的做法。

事实上，无论是普通的神经网络，还是 RNN、CNN，它们的方向传播的思路都是类似的，就是把握 δ 流动的主线，以及经过不同神经网络层时生成的具体导数。然后再把其他参数和同层的 δ 联系起来求解。

至于 δ 求解无非是链式法则转移到已经求解完的部分，注意把握导数求解的流动方向，沿层次或者沿着时间，最后再根据矩阵形式做一个简化就好了。

5.4.2　基于 RNN 的语言模型例子

一个典型的 RNN 语言模型，就是根据之前输入的词，来预测下一个可能的词，图 5-5 给出了一个 RNN 语言模型的例子。

首先，由于计算机无法识别文字，所以要把词转化为向量的形式，即建立词典，该词典包含所有要输入和输出的词，且每个词都有唯一的编号。这里以最简单的 One – Hot 格式向量为例，如图 5-6 所示，将每个词表示为只有一个值为 1 的不同向量。

使用此种方法得到一个高维稀疏向量，在数量较少时可采用这种高维稀疏向量，当数量较多时其会带来庞大的计算量，当然也存在其他低维度稠密向量的表示方法。

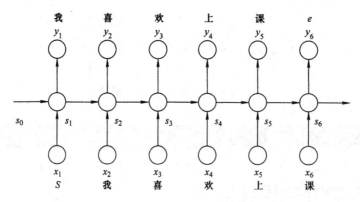

图 5-5　RNN 的语言模型实例

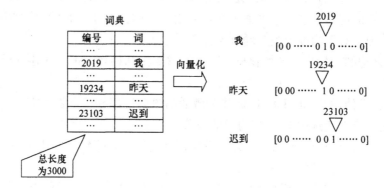

图 5-6　One – Hot 向量表示

经过 RNN，结合 Softmax 激活函数，可以计算出每个词是下一个词的概率，由 Softmax 的定义可知，这些词的概率和为 1，我们选择概率最大的词作为下一个输出，其下一个输出的词如图 5-7 所示。

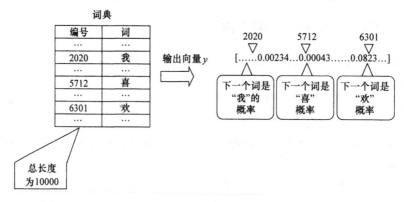

图 5-7　RNN 模型实例

Softmax 函数的定义：

$$g(z_i) = \frac{e^{z_i}}{\sum_k e^{z_k}} \qquad\qquad (5.19)$$

举个简单的例子来说明这一点，如图5-8所示。

计算过程为

$$y_1 = \frac{e^{x_1}}{\sum_k e^{x_k}}、\quad y_2 = \frac{e^{x_2}}{\sum_k e^{x_k}}、$$

$$y_3 = \frac{e^{x_3}}{\sum_k e^{x_k}}、\quad y_4 = \frac{e^{x_4}}{\sum_k e^{x_k}}$$

得到：

$$y_1 = \frac{e^1}{e^1 + e^2 + e^3 + e^4} = 0.12$$

$$y_2 = 0.08$$

$$y_3 = 0.24$$

$$y_4 = 0.56$$

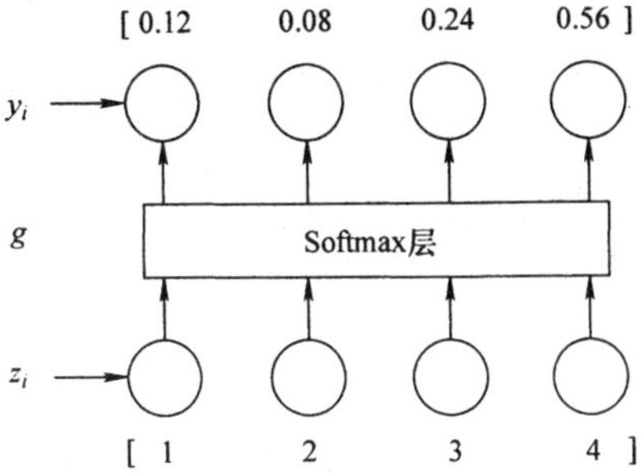

图 5-8 Softmax 模型

式中，y_1、y_2、y_3、y_4所求得的值分别为所对应词的概率。

5.4.3 语言模型训练过程

所需的训练集为语料训练数据集，见表5-1，前一个词作为输入，则后一个词作为标签训练，同样这些词也需要转换成 One – Hot 向量。

表5-1 语料训练数据集

输入	标签
s	我
我	昨天
昨天	上学
上学	迟到
迟到	了
了	e

然后使用交叉熵作损失函数，逐步优化。交叉熵损失函数的定义如下

$$L(y,o) = -\frac{1}{N} \sum_{n \in N} y_n \log o_n \qquad\qquad (5.20)$$

式中，N 为样本数；y_n 为实际标签；o_n 为网络输出值。图5-9给出了一个示例，当神经网络对输入数据提取到特征后，将特征数据作为 Softmax 输入，从而得到每个类别对应的概率值。

具体计算过程如下

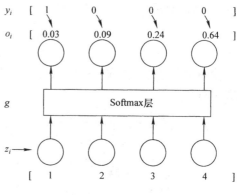

$$L = -\frac{1}{N}\sum_{n \in N} y_n \log o_n$$

$$= -y_1 \log o_1$$

$$= -(1 * \log 0.03 + 0 * \log 0.09$$

$$+ 0 * \log 0.24 + 0 * \log 0.64)$$

$$= 3.51$$

最后结合如梯度下降法等优化算法更新权重，减少损失函数值，从而实现训练。

图 5-9　Softmax 实例

5.5　RNN 的发展

5.5.1　双向循环神经网络

Schuster 等人在 1997 年提出双向循环神经网络，简称双向 RNN（Bidirectional Recurrent Neural Network）。双向 RNN 是 RNN 的一种扩展形式，在单向 RNN 的基础上增加了一层相反方向的 RNN。如图 5-10 所示，双向 RNN 中的隐含层包含两部分信息，一部分接收的是 t 时刻之前的信息，另一部分接收的是 t 时刻之后的信息，所以 t 时刻的最终输出结果由两个方向接收到的信息共同决定。

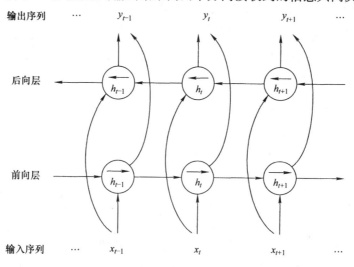

图 5-10　双向 RNN 的结构图

对比典型 RNN 结构，双向 RNN 不仅关联了历史数据，还关联了未来的信息。

（1）前向 RNN 层的更新公式为

$$\overrightarrow{h_t} = f(\overrightarrow{U}x_t + \overrightarrow{W}h_{t-1} + \overrightarrow{b_n}) \tag{5.21}$$

（2）后向 RNN 层的更新公式为

$$\overleftarrow{h_t} = f(\overleftarrow{U}x_t + \overleftarrow{W}h_{t+1} + \overleftarrow{b_n}) \tag{5.22}$$

（3）将前向和后向 RNN 层叠加后的值作为最终 RNN 的输出，可以表示为

$$y_t = \mathrm{softmax}(V * [\overrightarrow{h_t}; \overleftarrow{h_t}] + b_y) \tag{5.23}$$

5.5.2　长短时记忆结构

由于传统 RNN 具有长期依赖问题，其对信息进行迭代时，会随着时间的增加而减少信息量，造成与当前时刻距离较远的输入信息对当前时刻的输出影响较小的现象。这就造成传统 RNN 在处理时序较长的序列信息时，难以表达较长距离的序列间的隐含相关性。

为了避免 RNN 在处理长序列数据时容易出现的梯度消失和梯度爆炸问题，Hochreiter 对传统 RNN 进行了改进，提出一种结构叫长短期记忆结构（Long Short - Term Memory，LSTM），用来改善长序列时出现信息缺失的问题。LSTM 通过引入三种控制门结构（输入门、忘记门和输出门），实现了对记忆单元存储历史的增加和去除控制。忘记长序列中的无用信息，来存储需要记住的距离较远的有用信息，以便更好地控制和发现序列数据的长时依赖性。图 5-11 表示在单个 LSTM 单元内部执行的操作，其中 x_t 表示 t 时刻网络节点的输入向量，h_t 表示 t 时刻网络节点的输出向量，i_t、f_t、o_t、c_t 分别表示 t 时刻的输入门、忘记门、输出门和记忆单元。

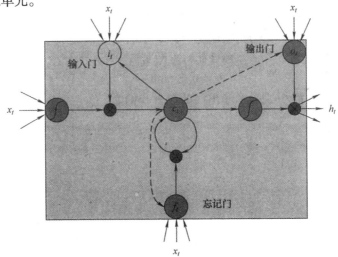

图 5-11　LSTM 基本单元结构图

下面是对 LSTM 的输入门、忘记门、记忆单元和输出门的具体介绍：

1）输入门（Input Gate）：用于控制输入节点信息，其包括两个部分，第一个部分是使用 Sigmoid 激活函数来确定需要输入的新信息，第二个部分是使用 Tanh 激活函数控制存放在单元中的新信息。输入门的输出 i_t 与候选信息 g_t 的数学表达式为

$$i_t = \sigma(U_i x_t + W_i h_{t-1} + b_i) \tag{5.24}$$

$$g_t = \tanh(U_g x_t + W_g h_{t-1} + b_g) \tag{5.25}$$

式中，U_i、W_i 和 b_i 分别表示输入门的权重和偏置；U_g、W_g 和 b_g 分别表示候选状态的权重和偏置；σ 表示 Sigmoid 激活函数；tanh 为激活函数。

2）忘记门（Forget Gate）：用于控制当前 LSTM 单元的丢弃信息。使用 Sigmoid 激活函数产生一个 0～1 之间的函数值，当函数值越小时，即越接近 0 时，说明当前节点包含的有用信息越少，所以传递较少的信息到下一时刻。相反，当函数值越大时，即越接近 1 时，说明当前节点包含的有用信息越多，所以传递更多的信息到下一时刻。忘记门 f_t 的数学表达式为

$$f_t = \sigma(U_f x_t + W_f h_{t-1} + b_f) \tag{5.26}$$

式中，U_f、W_f 和 b_f 分别表示忘记门的权重和偏置；σ 表示 Sigmoid 激活函数。

3）记忆单元（Memory Cell）：用于保存该单元的状态信息，实现状态更新，记忆单元 c_t 的数学表达式为

$$c_t = f_t \odot c_{t-1} + i_t \odot g_t \tag{5.27}$$

式中，$\odot$ 代表哈达玛积。

4）输出门（Output Gate）：用于控制输出节点的信息。首先利用 Sigmoid 函数确定输出信息，得到初始输出值 o_t，然后使用 Tanh 函数将 c_t 固定在（-1，1）区间内，最后与初始输出值 o_t 进行逐点相乘，得到 LSTM 单元的输出。所以 h_t 是由 o_t 和记忆单元 c_t 共同决定的，o_t 与 h_t 的数学表达式为

$$o_t = \sigma(U_o x_t + W_o h_{t-1} + b_o) \tag{5.28}$$

$$h_t = o_t \odot \tanh(c_t) \tag{5.29}$$

式中，U_o、W_o 和 b_o 分别表示输出门的权重和偏置。

第6章　生成对抗网络

6.1　GAN 的概念

GAN 又称为"生成对抗网络"（Generative Adversarial Networks），这一思想首先在 2014 年被蒙特利尔大学的 Ian Goodfellow 提出，随后被引入深度学习领域。到 2016 年，GAN 的热潮迅速席卷了人工智能领域顶级会议，从 International Conference on Learning Representations（ICLR）到 Conference and Workshop on Neural Information Processing Systems（NIPS），大量的高质量论文被发表和探讨。

GAN 由两个部分组成，如图 6-1 所示。一个是生成器，另一个是判别器，其与生成器是敌对关系。

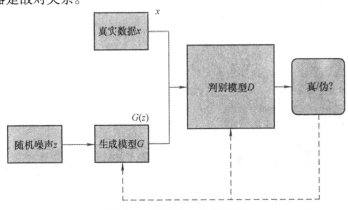

图 6-1　GAN 的工作流程图

假设我们的生成模型是 $G(z)$，其中自变量 z 是一个随机噪声，而模型 $G(z)$ 将这个随机噪声转化为数据类型 x。我们仍以图 6-1 中的问题举例，这里模型 $G(z)$ 的输出就是一张图片。D 是一个判别模型，对于任何输入 x，$D(x)$ 的输出都是 $0 \sim 1$ 范围内的一个实数，这个数值可以用来判断这个图片是真实图片可能性的大小。

6.1.1　对抗思想与 GAN

在生物进化的过程中，被捕食者会慢慢演化自己的特征，从而达到欺骗捕食者的目的，而捕食者也会根据情况调整自己对被捕食者的识别，共同进化，图 6-2 中的啵啵鸟和枯叶蝶就是这样的一种关系。生成器代表的是枯叶蝶，判别器 代表的是啵啵鸟。它们的对抗思想与 GAN 类似，但也存在不同之处。

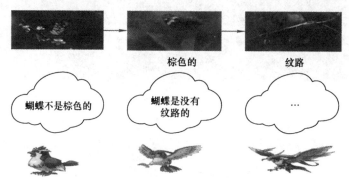

图 6-2　捕食者与被捕食者的进化过程

GAN 所做的工作与自然界的生物进化不同，它是已经知道最终判别的目标 是什么样子，不知道假目标是什么样子，它会对生成器所产生的假目标做惩罚并 对真目标进行奖励，这样判别器就知道什么目标是不好的假目标，什么目标是好 的真目标，而生成器则是希望通过进化，产生比上一次更好的假目标，使判别器 对自己的惩罚更小。以上是一个轮回，对于下一个轮回，判别器通过学习上一个 轮回进化的假目标和真目标，再次进化对假目标的惩罚，而生成器不屈不挠，再 次进化，直到以假乱真，与真目标一致，至此进化结束。

以图 6-3 为例，我们最开始画人物头像只知道有一个头的大致形状，有眼睛 有鼻子等，但画得不精致，后来通过找老师学习，画得更好了，且有模有样，直 到我们画得与专门画头像的老师一样好。这里的我们就像是生成器，一步步进化 （对应生成器不同的等级），这里的老师就像是判别器。

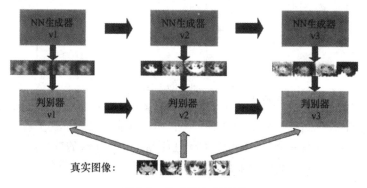

图 6-3　生成器与判别器

生成器和判别器就如博弈关系一样，判别器惩罚生成器，判别器收益，生成器损失；生成器进化，使判别器对自己惩罚小，生成器收益，判别器损失。

　　对 GAN 的两个主要组成部分可总结如下：GAN 是由生成器和判别器两个部分组成，生成器的目的是生成假的目标，企图彻底骗过判别器的识别。而判别器通过学习真目标和假目标，提高自己的判别能力，不让假目标骗过自己。两者相互进化，相互博弈，一方进化，另一方损失，最后直到假目标与真目标很相似则停止进化。

　　我们以图像的生成模型来举例。假设有一个图片生成模型，其目的是为了获得一张真实的图片。与此同时，还有一个图像判别模型，其目的是准确判别一张图片是生成的还是真实存在的。那么假设把刚才的过程转化成图片生成模型和判别模型之间的对抗，则变成了如下模式：生成模型生成图片→判别模型学习并区分图片为生成图片还是真实图片→生成模型依据判别模型更新自己，重新生成新图片。

　　这个场景一直持续直到生成模型与判别模型都无法再提高自己——即直到判别模型不能再判断出该图片是生成的还是真实的时候，此时的生成模型就是一个完美的模型。

　　生成器的目标是希望能够学习到样本的真实分布，这样就可以随机生成以假乱真的样本。如图 6-4 所示，原始数据经过生成器后数据的分布发生了巨大变化。

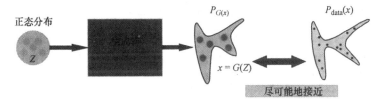

图 6-4　生成器生成的数据分布

6.1.2　最大似然估计及最优化问题

　　学习真实样本分布需要用到最大似然估计法（Maximum Likelihood Estimation）。当给定一个数据分布 $P_{\text{data}}(x)$（我们可以从中取样），有一个用 θ 参数化的分布 $P_G(x;\theta)$，我们想要找到这样的 θ，使得 $P_G(x;\theta)$ 接近 $P_{\text{data}}(x)$。比如 $P_G(x;\theta)$ 是一个高斯混合模型，θ 是来自 $P_{\text{data}}(x)$ 中的高斯样本 $\{x^1,\ x^2,\ \cdots x^m\}$ 中的均值和方差，我们可以计算 $P_G(x^i;\theta)$ 中产生样本 $L=\prod P_G(x^i;\theta)$ 的可能性，找到 θ^* 最大化可能性。

　　我们需要随机采样真实分布中的数据，通过学习 $P(x;\theta)$ 中的 θ，使得 $P(x;\theta)$

更加接近 $P_{\text{data}}(x)$，其中每一个 x 对应的 $P_{\text{data}}(x)$ 的概率是很大的，为了使 $P(x;\theta)$ 接近 $P_{\text{data}}(x)$，我们考虑将原问题等价于最大化每一个 $P(x;\theta)$，合起来就是最大化 $\prod\limits_{i=1}^{m} P_G(x^i;\theta)$。而实际上最大似然估计法是等价于最小化 KL－divergence，具体推导见式（6.1），先取 log（log 是单调递增，不会改变原问题）将相乘化为相加，最后变成了 P_{data} 下 $\log P_G(x;\theta)$ 的期望，然后转化为积分的形式，后面加了一项 $\int\limits_{x} P_{\text{data}}(x)\log P_{\text{data}}(x)\mathrm{d}x$，这一项是一个常数，没有变量 θ，加了以后也不会影响原问题的解，加了这一项之后原问题就等于最小化 P_{data} 和 P_G 的 KL－divergence。

$$
\begin{aligned}
\theta^* &= \arg\max_{\theta} \prod_{i=1}^{m} P_G(x^i;\theta) = \arg\max_{\theta} \log \prod_{i=1}^{m} P_G(x^i;\theta)\\
&= \arg\max_{\theta} \sum_{i}^{m} \log P_G(x^i;\theta)\\
&\approx \arg\max_{\theta} E_{x\sim P_{\text{data}}}\left[\log P_G(x;\theta)\right]\\
&= \arg\max_{\theta} \int_{x} P_{\text{data}}(x)\log P_G(x;\theta)\mathrm{d}x - \int_{x} P_{\text{data}}(x)\log P_{\text{data}}(x)\mathrm{d}x\\
&= \arg\min_{\theta} \text{KL}(P_{\text{data}} \parallel P_G) \quad\quad\quad\quad\quad\quad\quad (6.1)
\end{aligned}
$$

我们已经知道生成器要做的是 $\arg\min\limits_{G} \text{Div}(P_{\text{data}}, P_G)$，这里 P_G 是我们要去优化的，虽然我们有真实样本，但 P_G 的分布我们还是不知道，而且如何去定量计算 P_{data} 和 P_G 的 divergence，也就是 $\text{Div}(P_{\text{data}}, P_G)$，我们也是不知道的。所以接下来就需要引入判别器了。虽然我们不知道 P_G 和 P_{data} 的分布，但我们可以随机采样它们分布的样本，其采样过程如图 6-5 所示。

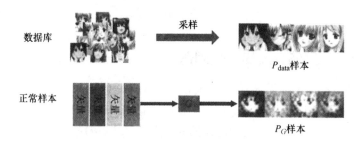

图 6-5　数据集采样

而我们知道判别器的目标是给真样本奖励，给假样本惩罚。最后得到判别器要优化的目标函数，判别器希望能够最大化这个目标函数，也就是

$\text{argmax}V(G, D)$。

$$V(G, D) = E_{x \sim P_{\text{data}}}[\log D(x)] + E_{x \sim P_G}[\log(1 - D(x))] \tag{6.2}$$

我们再来解出最优 D^*，接下来给一个目标函数，求出极大值解。

$$\begin{aligned} V &= E_{x \sim P_{\text{data}}}[\log D(x)] + E_{x \sim P_G}[\log(1 - D(x))] \\ &= \int_x P_{\text{data}}(x)\log D(x)\,\mathrm{d}x + \int_x P_G(x)\log(1 - D(x))\,\mathrm{d}x \\ &= \int_x [P_{\text{data}}(x)\log D(x) + P_G(x)\log(1 - D(x))]\,\mathrm{d}x \end{aligned} \tag{6.3}$$

这个求解过程很详细，最后我们得到最大化 $V(D, G)$ 等于一个常数加上 P_G 和 P_{data} 的 JS – divergence（JS – divergence 与 KL – divergence 类似，不会改变解），这正是我们在生成器无法做到的计算，判别器帮我们做到了。

于是，原始生成器的最优化问题 $\arg\min_\theta \text{Div}(P_{\text{data}}, P_G)$ 就可以转化成 $\arg\min_\theta \max_\theta V(G, D)$。具体做法如下：

在每次训练迭代中初始化生成器和判别器：

步骤1：修复生成器 G，并更新判别器 D。

步骤2：修复判别器 D，然后更新生成器 G。

6.1.3　GAN 的训练过程

算法　对 D 初始化 θ_d，对 G 初始化 θ_g

在每次迭代中：

1）从数据库中采样 m 个样本 $\{x^1, x^2, \cdots, x^m\}$；

2）从分布中获得 m 个带有噪声的样本 $\{z^1, z^2, \cdots, z^m\}$；

3）获取生成数据 $\{\tilde{x}^1, \tilde{x}^2, \cdots, \tilde{x}^m\}$，$\tilde{x}^i = G(z^i)$；

4）更新判别器参数 θ_d 到最大限度：

$$\tilde{V} = \frac{1}{m}\sum_{i=1}^{m}\log D(x^i) + \frac{1}{m}\sum_{i=1}^{m}\log(1 - D(\tilde{x}^i))$$

$$\theta_d \leftarrow \theta_d + \eta\,\nabla\tilde{V}(\theta_d)$$

5）从分布中获得 m 个带有噪声的样本 $\{z^1, z^2, \cdots, z^m\}$

6）更新生成器参数 θ_g 到最大限度：

$$\tilde{V} = \frac{1}{m}\sum_{i=1}^{m}\log(D(G(z^i)))$$

$$\theta_g \leftarrow \theta_g - \eta\,\nabla\tilde{V}(\theta_g)$$

6.2 GAN 的原理

6.2.1 生成器

我们所熟知的自编码器（Auto – Encoder）以及变分自编码器（Variational Auto – Encoder）都是典型的生成器。输入通过 Encoder 编码成 Code，然后 Code 通过 Decoder 重建原图，其中自编码器中的 Decoder 就是生成器，Code 可随机取值，产生不同的输出。自编码器和变分自编码器的结构分别如图 6-6 和图 6-7 所示。

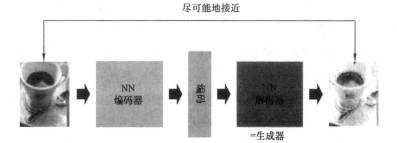

图 6-6　自编码器结构图

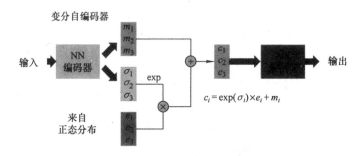

$$c_i = \exp(\sigma_i) \times e_i + m_i$$

图 6-7　变分自编码器结构图

　　自编码器作为生成器存在着一些问题，自编码器的目标是让重建误差减少，从图 6-8 可以看出其中 1 个像素点的误差，自编码器觉得是可以接受的，但我们觉得不行，另外 6 个像素点的误差我们觉得是能接受的，自编码器不能接受，这就说明误差所在的位置很重要，而生成器并不知道这一点，自编码器缺少理解像素点之间的空间相关性的能力。

　　另外，自编码器所产生的图像是模糊的，如图 6-9 所示，不能够产生十分清晰的图像，所以目前单凭生成器很难生成非常高质量的图像。

图 6-8　自编码器的问题

图 6-9　自编码器产生模糊的图像

6.2.2　判别器

判别器也可以进行自我训练，给定一个输入，判别器输出一个 $[0,1]$ 的置信度，越接近 1 则置信度越高，越接近 0 则置信度越低。如图 6-10 所示，判别器是一个函数 D。

$$D: X \rightarrow R \tag{6.4}$$

- 输入：一个对象 x（例如一个图像）。
- 输出 $D(x)$：表示输入的 x 质量高低的标量。

图 6-10　判别器的训练

判别器的优势在于它可以很轻易地捕捉到元素之间的相关性，例如自编码器中出现的像素问题就不会在判别器中出现，如图 6-11 所示，用一个滤波器就可以解决。

判别器产生样本的过程为，首先需要随机生成负样本，然后与真实样本一起送入判别器进行训练，在循环迭代中，通过最大概率选出最好的负样本，再与真样本一起送入判别器进行训练。判别器的训练是对真样本进行奖励，对负样本进行压低，训练过程需要随机采样出除所需图像外所有的假样本，这样判别器就只

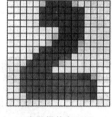
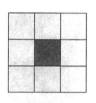

我觉得不行　　　　　　我觉得其实可以　　　这个CNN滤波器不够好

图 6-11　判别器解决像素问题

会对真实样本的分布取高分，对其他分布取低分，这样才能训练得好。然而在高维空间中，这样的负样本采样过程其实是很难进行的，而且还有一个问题，生成样本的过程要枚举大量样本，才有可能出现一个与真样本分布相符的样本，通过计算最大化概率问题求出最好的样本，这实在是过于繁琐。

6.3　GAN 的应用

　　GAN 是结构化学习的一种。与分类和回归类似，结构化学习也是需要找到一个 $X{\rightarrow}Y$ 的映射，但结构化学习的输入和输出多种多样，可以是序列到序列，序列到矩阵，矩阵到图，图到树等。这样，GAN 的应用就十分广泛了。例如，机器翻译（Machine Translation）就可以用 GAN 来实现，如图 6-12 所示。语音识别（Speech Recognition）和聊天机器人（Chat－bot）也可以用 GAN 来实现，如图 6-13 所示。

机器翻译

X:　　　"机器及其深层与结构化"　　　Y:　　"Machine learning and having
　　　　　　　　　　　　　　　　　　　　　　　　 it deep and structured"

（第1种语言）　　　　　　　　（第2种语言）

图 6-12　GAN 应用于机器翻译

语音识别

X:　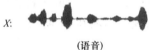　　　　Y:　感谢大家来上课

（语音）　　　　　　　　　　　　（音译）

聊天机器人

X:　　你好吗?　　　　　　　Y:　　我很好。

（使用者说的话）　　　　　　　（机器人的回答）

图 6-13　GAN 应用于语音识别和聊天机器人

在图像方面，GAN 可以应用于图像转图像、彩色化、文本转图像等领域，如图 6-14 所示。

图像转图像   彩色化

X: 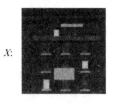 Y:

文本转图像

X: "这朵花有白色的花瓣和圆形的黄色的雄蕊" Y:

图 6-14   GAN 应用于图像领域

6.4 GAN 的发展

6.4.1 GAN 的优缺点

GAN 不同于传统的模型，不再是单一的网络结构，它有着两种不同的结构，因此对其训练方式要使用对抗式的训练方法。对于 GAN 这样的网络，更新 G 所使用的梯度信息来自于判别器 D，而非其样本数据。

（1）GAN 的优点

GAN 与玻尔兹曼机和 GSNs 等模型一样都是一种生成式模型，但不同于其他生成式模型，GAN 模型只需使用反向传播算法，不再需要复杂度很高的马尔可夫链，因此使用 GAN 模型可以有效地得到更加真实、清晰的样本。

GAN 模型的训练通常采用无监督学习的方式，所以被广泛地使用在无监督学习和半监督学习领域，不同于变分自编码器引入了决定性偏置，GANs 的结构中没有加入任何决定性偏置，这是为了优化对数似然的下界，而非似然度本身，其效果是为了使 VAEs 生成的实例比 GANs 更模糊。GANs 是没有变分的下界的，这明显是与 VAEs 不同的。因此如果我们能获得性能良好的经过训练的判别器，那么经过生成器的学习，便可以获得完整的训练样本分布。总体来看，GANs 与 VAEs 的主要差别在于 GANs 是渐进一致的，而 VAEs 是有偏差的。

GAN 的实际应用很广泛，例如图片风格迁移、图像补全、去噪声、超分辨率等，这都避免了损失函数设计的困难。因此不管在什么需求环境下，只要设定一个基准，直接使用判别器，其余的工作内容就是对抗训练的事情了。

（2）GAN 的缺点

在实际训练 GAN 模型时需要达到纳什均衡，我们可以采用梯度下降法，但有时很难达到预期。在实际训练中，我们还未寻找到可以达到纳什均衡的办法，因此训练 GAN 模型不如训练 VAE 模型和 PixelRNN 模型那样稳定，但在实践中其稳定度还是优于训练玻尔兹曼机的。GAN 模型还不适宜去处理离散的数据，比如当训练文本数据时，GAN 模型不稳定、易发生梯度消失、模式崩溃等问题。

6.4.2　GAN 的未来发展方向

1）针对 GAN 模型，我们可解释性地进行改进。包括最近刚提出的 In-foGANs。InfoGANs 通过最大化隐藏变量与观测数据的互信息，来改进 GAN 的解释性。

2）进一步提高 GAN 模型的学习能力。我们可以使用引入"多主体的 GAN 模型"的方法。在多主体的 GAN 模型中，存在许多生成器和判别器，每对生成器与判别器之间可以互相交流，共享知识，进而提高其学习能力。

3）改进 GAN 模型优化不稳定的问题。例如使用 F 散度作为一个优化目标和手段，对 GAN 进行训练。

4）应用在一些更广泛的领域。包括迁移学习以及领域自适应学习。目前来看，有一个应用也十分有意义，我们通过建立 GAN 与强化学习两者的联系，将 GAN 模型引用到了逆强化学习与模拟学习中去，这种做法十分有效，能够极大地提高强化学习的效率。除此之外，我们还可以将其使用在数据压缩、图像处理方面，以及使用在除这之外的其他数据模式上，例如生成自然语句或生成音乐。

第7章　Python相关基础

7.1　Python 程序结构

Python 程序结构分为以下 3 类：

顺序结构：即语句从上到下按顺序执行。

分支结构：常用 if⋯elif⋯else 判断语句。

循环结构：常用 while 循环或是 for 循环。

7.1.1　循环结构

Python 中有两个循环，第一种是 for 循环，第二种是 while 循环。他们的相同点在于都能循环地做　件重复的事情，不同点在于 for 循环在可迭代的序列被穷尽时停止，while 则是在条件不成立的时候停止。

1）while 循环：多次循环，当条件为真（True）时，则会运行循环语句，直到条件结果为假（False）时跳出循环。

格式：

while 条件语句：

> 如：a = 1
> while a < 10：
> a + = 1
> print（a, end = ' '）

循环体语句

其中 a + = 1 是为了防止 while 进入死循环，若不加入这句话，a < 10 是永远成立的，就会循环打印 1。print（a, end = ' '）是当要把打印的值打印在一行时，在原本打印值后加 ", end = ' '"，while 循环中若判定条件不可确定想要构建死循环时，判定条件可写为 True 或者 1。

例：打印出 1 + 2 + 3 + ⋯ + 100 的和。

```
if _ name _ = = " _ main _ ":
        a = 1
        s = 0
        while a < = 100:
                s + = a
                a + = 1
        print (s)
```

上面这段代码的运行结果是：5050。

2）for 循环，遍历循环：又称迭代循环。

作用：将一个有序数组中的所有数据按顺序依次进行输出的过程（包括字符串、列表、元组、字典等）。

格式：for 变量名 1 in 变量名 2：
　　　　　循环体语句

for 循环相当于依次把变量名 2 中的数据赋值给变量名 1

88

例：①通过 for 循环遍历列表

```
if __ name __ = = '__ main __':
        lt  = ['apple', 'banana', 'orange']
        for i in lt:
                print (i)
```

上面这段代码的运行结果：　apple
　　　　　　　　　　　　　banana
　　　　　　　　　　　　　orange

借助 range 函数遍历并实现上段代码的相同功能。

```
if __ name __ = = '__ main __':
        lt  = ['apple','banana','orange']
        for i in range(len(lt)):
                print(lt[i])
```

② 通过 for 循环遍历元组。

```
if __ name __ = = '__ main __':
        t = ('清华','北大青鸟','新东方')
        for i in t:
                print(i)
```

上面一段代码的运行结果：清华

北大青鸟

新东方

③ 通过 for 循环遍历字典。

```
if __name__ == '__main__':
    d = {'python': 'perfect', 'java': 'good', 'php': 'just so so'}
    for k in d:
        print（k）
```

上面这段代码的运行结果：python

java

php

7.1.2　分支结构

if 条件语句，若满足对应条件则执行对应语句，执行完语句后结束进程。

（1）未分支前

格式：

if 条件语句：

对应语句：

```
if 1 >2: #1 >2 为 False
        #则 if 语句下的 print 不会输出,使用缩进表示代码块
    print("当 if 条件为真的时候,才会打印") #print('这个 print 是一个新的代码)
```

（2）if else 分支

格式：

if 条件语句：

对应语句 1

else：

对应语句 2

如：

```
if 1 >2: #条件为假的时候,输出 else 下的对应语句 2
    print("当 if 条件为真的时候,打印这一句")
else：
    print("当 if 条件为假的时候,我才会打印")
```

（3）if elif else 多分支结构

格式：

if 条件语句1：

对应语句1

elif 条件语句2：

对应语句2

elif 条件语句3：

对应语句3

…

else：

对应语句 n

如：

```
sex = input('请输入你的性别:')
if sex = ='male':
        print("你的性别为男")
elif sex = ='female':
        print("你的性别为女")
elif sex = = "renyao":
        print("你是个人妖")
else:
        print("性别错误输入")
```

7.2 NumPy 操作

NumPy 代表"Numeric Python"，它是一个 Python 包。它是由多维数组对象和用于处理数组的例程集合组成的一个库[36]。NumPy 是 Python 的一种开源的数值计算扩展。NumPy 比 Python 自身的嵌套列表（nested list structure）高效，能存储和处理大型矩阵。Python 有了 NumPy 包就变成了一款功能更强的 MATLAB 系统。一个科学计算包用 Python 实现。包括以下 4 个方面：

1）array：N 维数组对象。

2）函数库：成熟的函数库。

3）工具包：整合 C/C + + 和 Fortran 代码。

4）函数：线性代数、傅里叶变换和随机数生成。

在数值编程工具中 NumPy（Numeric Python）做出了杰出的贡献，如：矢量处理、矩阵数据类型及精密的运算库。NumPy 产生的目的就是进行严格的数字处理。主要应用在许多金融公司和科学计算组织中，如 Lawrence、Liver – more、NASA。NumPy 是 Python 的基础，更是数据科学的通用语言。

NumPy 为何如此重要？实际上 Python 本身含有列表（list）和数组（array），但对于大数据来说，这些结构有很多不足。列表中所保存的为对象的指针是因为列表的元素可以是任何对象。列表需要 3 个指针和 3 个整数对象来保存一个简单的[1,2,3]。此结构在数值运算中非常浪费内存计算时间和 CPU[37]。对于 array 对象，它类似于 C 语言的一维数组，会直接保存数值。但它不适合做数值运算是因为它不支持多维，也没有各种运算函数。

NumPy 的诞生弥补了这些不足，它提供了 ndarray（N – dimensional array object）和 ufunc（universal function object）这两种基本的对象[37]。多维数组的 ndarray 可存储单一数据类型，而函数 ufunc 则能够处理数组。

7.2.1　NumPy 的主要特点

1）节省空间的多维数组，具有高级的广播功能和数组化的算术运算功能。
2）通过标准数学函数不需要编写循环就可快速运算整个数组数据。
3）操作存储器映像文件和读取/写入磁盘上的阵列数据的工具[38]。
4）线性代数、随机数生成，以及傅里叶变换的能力。
5）集成 C、C + +、Fortran 代码的工具。
6）在使用 NumPy 之前，需要先导入该模块：Import numpy as np。

7.2.2　ndarray

ndarray 的 N 维数组类型是 NumPy 中定义的最重要的对象。ndarray 描述的元素集合类型是相同的，可通过基于零的索引访问集合中的内容[36]。

ndarray 中的每个元素在内存中使用相同大小的块，是数据类型对象的对象（称为 dtype）。

一个数组标量类型的 Python 对象通过从 ndarray 对象提取的任何元素（通过切片）来表示。ndarray 数据类型对象（dtype）和数组标量类型之间的关系如图 7-1 所示。

ndarray 是一个多维数组对象，它封装了许多常用的数学运算函数，方便我们进行数据处理以及数据分析，那么如何生成 ndarray 呢？这里我们介绍生成 ndarray 的几种方式，如从已有数据中创建；利用 random 创建；创建特殊多维数组；使用 arange 函数等。

生成 ndarray 的几种方式：

从已有数据中创建：直接对 Python 的基础数据类型（如列表、元组等）进

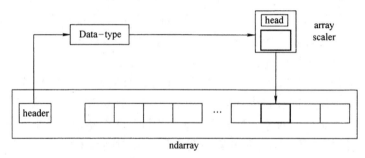

图 7-1 ndarray 数据类型对象和数组标量类型之间的关系

行转换来生成 ndarray。

（1）将列表转换成 ndarray

```
import numpy as np
list1 = [3.14,2.17,0,1,2]
nd1 = np.array(list1)
print(nd1)
print(type(nd1))
```

打印结果：

$$[3.14 \quad 2.17 \quad 0. \quad 1. \quad 2.]$$

< class'numpy.ndarray' >

（2）嵌套列表可以转换成多维 ndarray

```
import numpy as np
list2 = [[3.14,2.17,0,1,2],[1,2,3,4,5]]
nd2 = np.array(list2)
print(nd2)
print(type(nd2))
```

打印结果：

$$[[3.14 \quad 2.17 \quad 0. \quad 1. \quad 2.]$$
$$[1. \quad 2. \quad 3. \quad 4. \quad 5.]]$$

< class'numpy.ndarray' >

如果把（1）和（2）中的列表换成元组也同样适合。

NumPy 操作

开发人员使用 NumPy 时可通过以下操作来实现：

1）逻辑运算与数组的算数。

2）傅里叶变换与用于图形操作的例程。

3）与线性代数有关的操作。NumPy 具有随机数生成与线性代数的内置函数。

NumPy 经常与 SciPy（Scientific Python）和 Matplotlib（绘图库）一起使用。此组合大多用来替代 MATLAB，是一种比较流行的技术计算平台[39]。

ndarray

使用 NumPy 中的数组函数来创建基本的 ndarray，创建方式如下所示：

numpy. array

它从任何暴露数组接口的对象，或从返回数组的任何方法创建一个 ndarray[39]。

numpy. array（object，dtype = None，copy = True，order = None，subok = False，ndmin = 0）

上面的构造器接受以下参数，通过下面的例子可以更好地理解其构造过程。

示例：

序号	参数及描述
1	object 任何暴露数组接口方法的对象都会返回一个数组或任何（嵌套）序列
2	dtype 数组的所需数据类型，可选
3	copy 可选，默认为 true，对象是否被复制
4	order C（按行）、F（按列）或 A（任意，默认）
5	subok 默认情况下返回的数组被强制为基类数组。如果为 true，则返回子类
6	ndmin 指定返回数组的最小维数

```
import numpy as np
a = np. array([1,2,3])
print（a）
输出如下：
    [1, 2, 3]
```

```
import numpy as np
a = np. array([1,2,3])
print（a）
输出如下：
    [1, 2, 3]
```

7.2.3　NumPy – 数据类型

NumPy 支持的数据类型比 Python 多，NumPy 中定义的不同标量数据类型在下表中显示[39]。

序号	数据类型及描述
1	bool_ 存储为一个字节的布尔值（真或假）
2	int_ 默认整数，通常是 int32 或 int64，相当于 C 的 long
3	intc 通常是 int32 或 int64，相当于 C 的 int
4	intp 通常是 int32 或 int64，用于索引的整数，相当于 C 的 size_t
5	int8 字节（-128 ~ 127）
6	int16 16 位整数（-32768 ~ 32767）
7	int32 32 位整数（-2147483648 ~ 2147483647）
8	int64 64 位整数（-9223372036854775808 ~ 9223372036854775807）
9	uint8 8 位无符号整数（0 ~ 255）
10	uint16 16 位无符号整数（0 ~ 65535）
11	uint32 32 位无符号整数（0 ~ 4294967295）
12	uint64 64 位无符号整数（0 ~ 18446744073709551615）
13	float_ float64 的简写
14	float16 半精度浮点：符号位，5 位指数，10 位尾数
15	float32 单精度浮点：符号位，8 位指数，23 位尾数
16	float64 双精度浮点：符号位，11 位指数，52 位尾数
17	complex_ complex128 的简写
18	complex64 复数，由两个 32 位浮点表示（实部和虚部）
19	complex128 复数，由两个 64 位浮点表示（实部和虚部）

NumPy 数据类型是 dtype（数据类型）对象的实例，每个对象都有其唯一的特征。这些类型可以为 np.float32，np.bool_ 等[40]。

7.2.4　NumPy – 数组属性

在这一节中，我们将讨论 NumPy 的多种数组属性。

（1）ndarray.shape

ndarray.shape 可以用来调整数组的大小，此数组属性返回了一个包含数组维度的元组[39]。

示例：

```
import numpy as np
a = np.array([[1,2,3],[4,5,6]])
print (a.shape)
```

输出如下：

```
(2,3)
```

ndarray.ndim 此数组属性返回数组的维数。

示例：# 等间隔数字的数组

```
import numpy as np
a = np.arange(24)
print (a)
```

输出如下：

```
[0 1 2 3 4 5 6 7 8 9 10 11 12 13 14 15 16 17 18 19 20 21 22 23]
```

（2）numpy.itemsize

此数组属性返回数组中每个元素的字节单位长度。

示例：# 数组的 dtype 是 int8（一个字节）

```
import numpy as np
x = np.array([1,2,3,4,5], dtype = np.int8)
```

```
print (x.itemsize)
```

输出如下：

```
1
```

ndarray 对象具有的属性如下。此函数返回了它们的当前值。

序号	属性及描述
1	C_CONTIGUOUS (C) 数组位于单一的、C 风格的连续区段内
2	F_CONTIGUOUS (F) 数组位于单一的、Fortran 风格的连续区段内
3	OWNDATA (O) 数组的内存从其他对象处借用
4	WRITEABLE (W) 数据区域可写入。将它设置为 flase 会锁定数据，使其只读
5	ALIGNED (A) 数据和任何元素会为硬件适当对齐
6	UPDATEIFCOPY (U) 这个数组是另一数组的副本。当这个数组释放时，源数组会由这个数组中的元素更新

下面的例子展示当前的标志。

```
import numpy as np
x = np.array([1,2,3,4,5])
print(x.flags)
```

输出如下：

```
C_CONTIGUOUS : True
            F_CONTIGUOUS : True
            OWNDATA : True
            WRITEABLE : True
            ALIGNED : True
            WRITEBACKIFCOPY : False
            UPDATEIFCOPY : False
```

7.2.5 NumPy – 数组创建例程

创建新的 ndarray 对象可以通过下列任何数组创建例程或使用低级 ndarray 函数。

numpy. empty

创建 dtype 的未初始化数组和指定形状时可以使用以下构造函数。

numpy. empty（shape, dtype = float, order = 'C'）

构造器接受的参数如下表所示：

序号	参数及描述
1	shape 空数组的形状，整数或整数元组
2	dtype 所需的输出数组类型，可选
3	order 'C'为按行的 C 风格数组，'F'为按列的 Fortran 风格数组

空数组的代码如下所示：

```
import numpy as np
x = np.empty([3,2], dtype = int)
print(x)
```

输出如下：

```
[[22649312 1701344351]
 [1818321759 1885959276]
 [16779776 156368896]]
```

注意：由于数组元素未初始化，所以其为随机值。

numpy. zeros

返回特定大小，以 0 填充的新数组。

numpy. zeros（shape, dtype = float, order = 'C'）

构造器接受下列参数：

序号	参数及描述
1	shape 空数组的形状，整数或整数元组
2	dtype 所需的输出数组类型，可选
3	order 'C'为按行的 C 风格数组，'F'为按列的 Fortran 风格数组

示例：# 含有 5 个 0 的数组，默认类型为 float。

```
import numpy as np
x = np. zeros(5)
print(x)
```

输出如下：

```
[0. 0. 0. 0. 0.]
```

numpy. ones

返回特定值，以 1 填充的新数组。

numpy. ones（shape, dtype = None, order = 'C'）

构造器接受的参数如下表所示。

序号	参数及描述
1	shape 空数组的形状，整数或整数元组
2	dtype 所需的输出数组类型，可选
3	order 'C'为按行的 C 风格数组，'F'为按列的 Fortran 风格数组

示例：# 含有 5 个 1 的数组，默认类型为 float。

```
import numpy as np
x = np. ones(5)
print (x)
```

输出如下：

```
[1. 1. 1. 1. 1.]
```

7.2.6　NumPy - 切片和索引

ndarray 可以像 Python 的内置容器对象一样，用切片或索引来访问和修改 ndarray 对象的内容。

基本切片是 Python 中基本切片概念到 n 维的扩展。通过将 start，stop 和 step 参数提供给内置的 slice 函数来构造 Python slice 对象，此 slice 对象被传递给数组来提取数组的一部分[39]。

示例：

```
import numpy as np
a = np. arange(10)
s = slice(2,7,2)
print (a[s])
```

输出如下：

```
[2 4 6]
```

在上述的例子中，ndarray 对象是通过 arange（）函数来创建的。切片对象是用起始、终止和步长值分别为 2、7 和 2 来定义的。当这个切片对象传递给 ndarray 时，会对它的一部分进行切片，从索引 2 到 7，步长为 2[40]。

想得到同样的结果可以通过冒号分隔的切片参数（start：stop：step）直接提供给 ndarray 对象。

示例：

```
# 最开始的数组
import numpy as np
a = np. array([[1,2,3],[3,4,5],[4,5,6]])
print ('我们的数组是:')
print (a)
# 现在我们从第二行切片所有元素:
print ('第二行的元素是:')
print (a[1,...])
print ('\n')
# 现在我们从第二列向后切片所有元素:
print ('第二列及其剩余元素是:')
print (a[...,1:])
```

输出如下：

我们的数组是：
[[1 2 3]
 [3 4 5]
 [4 5 6]]
第二行的元素是：
[3 4 5]
第二列及其剩余元素是：
[[2 3]
 [4 5]
 [5 6]]

7. 2. 7　NumPy－字符串函数

以下函数用于对 dtype 为 numpy. string_或 numpy. unicode_的数组执行向量化字符串操作。它们都是基于 Python 内置库中的标准字符串函数。

序号	函数及描述
1	add（）返回两个 str 或 Unicode 数组的逐个字符串连接
2	multiply（）返回按元素多重连接后的字符串
3	center（）返回给定字符串的副本，其中元素位于特定字符串的中央
4	capitalize（）返回给定字符串的副本，其中只有第一个字符串大写
5	title（）返回字符串或 Unicode 的按元素标题转换版本
6	lower（）返回一个数组，其元素转换为小写
7	upper（）返回一个数组，其元素转换为大写
8	split（）返回字符串中的单词列表，并使用分隔符来分割
9	splitlines（）返回元素中的行列表，以换行符分割
10	strip（）返回数组副本，其中元素移除了开头或者结尾处的特定字符
11	join（）返回一个字符串，它是序列中字符串的连接
12	replace（）返回字符串的副本，其中所有子字符串的出现位置都被新字符串取代
13	decode（）按元素调用 str. decode
14	encode（）按元素调用 str. encode

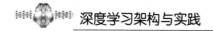

这些函数在字符数组类（numpy. char）中定义。较旧的 Numarray 包含 chararray 类。numpy. char 类中的上述函数在执行向量化字符串操作时非常有用。

7. 2. 8　NumPy – 算数函数

NumPy 包含大量的各种数学运算功能。NumPy 提供标准的三角函数、算术运算的函数、复数处理函数等。

三角函数

NumPy 拥有标准的三角函数，它为弧度制单位的给定角度返回三角函数比值。arcsin、arccos 和 arctan 函数返回给定角度的 sin、cos 和 tan 的反三角函数。这些函数的结果可以通过 numpy. degrees（）函数将弧度制转换为角度制来验证。

舍入函数

numpy. around（），这个函数返回四舍五入到所需精度的值。该函数接受以下参数。

numpy. around（a，decimals）

其中：

序号	参数及描述
1	a 输入数组
2	decimals 要舍入的小数位数。默认值为 0。如果为负，整数将四舍五入到小数点左侧的位置

numpy. floor（）

此函数返回不大于输入参数的最大整数。即标量 x 的下限是最大的整数 i，使得 i < = x。注意在 Python 中，向下取整总是从 0 舍入。

numpy. ceil（）

ceil（）函数返回输入值的上限，即，标量 x 的上限是最小的整数 i，使得 i > = x。

7. 2. 9　NumPy – 算数运算

用于执行算术运算（如 add（），subtract（），multiply（）和 divide（））的输入数组必须具有相同的形状或符合数组广播规则。

让我们现在来讨论 NumPy 中提供的一些其他重要的算术函数。

numpy. reciprocal（）

此函数返回参数逐元素的倒数，由于 Python 处理整数除法的方式，对于绝对值大于 1 的整数元素，结果始终为 0，对于整数 0，则发出溢出警告。

numpy. power（）

此函数将第一个输入数组中的元素作为底数，计算它与第二个输入数组中相应元素的幂。

numpy. mod（）

此函数返回输入数组中相应元素的除法余数。函数 numpy. remainder（）也产生相同的结果。

以下函数用于对含有复数的数组执行操作。

- numpy. real（）返回复数类型参数的实部。
- numpy. imag（）返回复数类型参数的虚部。
- numpy. conj（）返回通过改变虚部的符号而获得的共轭复数。
- numpy. angle（）返回复数参数的角度。函数的参数是 degree。

如果为 true，返回的角度以角度制来表示，否则以弧度制来表示。

7. 2. 10   NumPy – 统计函数

NumPy 有很多用于从数组中给定的元素中查找最小、最大、百分标准差和方差等有用的统计函数[41]。函数说明如下：

- numpy. amin（）和 numpy. amax（）

这些函数从给定数组中的元素沿指定轴返回最小值和最大值。

- numpy. ptp（）

numpy. ptp（）函数返回沿某个轴的值范围（最大值~最小值）。

- numpy. percentile（）

百分位数是统计中使用的度量，表示小于这个值的观察值占某个百分比。

函数 numpy. percentile（）接受以下参数。

numpy. percentile（a，q，axis）

其中：

序号	参数及描述
1	a 输入数组
2	q 要计算的百分位数，在 0 ~ 100 之间
3	axis 沿着它计算百分位数的轴

- numpy. median（）

中值定义为将数据样本的上半部分与下半部分分开的值。

- numpy. mean（）

算术平均值是沿轴的元素的总和除以元素的数量。numpy. mean（）函数返回数组中元素的算术平均值。如果提供了轴，则沿其轴进行计算。

- numpy. average（）

加权平均值是由每个分量乘以反映其重要性的因子得到的平均值。numpy. average（）函数计算数组中元素的加权平均值是根据在另一个数组中给出的各自的权重[41]。该函数可以接受一个轴参数。如果没有指定轴，则数组会被展开。

考虑数组 [1，2，3，4] 和相应的权重 [4，3，2，1]，通过将相应元素的乘积相加，并将其和除以权重的和，来计算加权平均值。

加权平均值 = (1 * 4 + 2 * 3 + 3 * 2 + 4 * 1)/(4 + 3 + 2 + 1)

标准差是与均值的偏差的平方的平均值的平方根。标准差公式如下

$$std = sqrt(mean((x - x. mean()) ** 2))$$

如果数组是 [1，2，3，4]，则其平均值为2.5。因此，差的平方是 [2.25，0.25，0.25，2.25]，然后使其平均值的平方根除以 4，即 sqrt（5/4）是 1.1180339887498949。

方差是偏差的平方的平均值，即 mean((x - x. mean()) ** 2)。换句话说，标准差是方差的平方根。

7.2.11　NumPy – 排序、搜索和计数函数

NumPy 中提供了各种排序相关功能。这些排序函数实现不同的排序算法，每个排序算法的特征在于执行速度、最坏情况性能、所需的工作空间和算法的稳定性。下表显示了三种排序算法的比较。

种类	速度	最坏情况	工作空间	稳定性
'quicksort'（快速排序）	1	O（n^2）	0	否
'mergesort'（归并排序）	2	O（n * log（n））	~ n/2	是
'heapsort'（堆排序）	3	O（n * log（n））	0	否

- numpy. sort（）

sort（）函数返回输入数组的排序副本。它有以下参数：

numpy. sort（a，axis，kind，order）

其中：

序号	参数及描述
1	a 要排序的数组
2	axis 沿着它排序数组的轴，如果没有，数组会被展开，沿着最后的轴排序
3	kind 默认为'quicksort'（快速排序）
4	order 如果数组包含字段，则是要排序的字段

- numpy. lexsort（）

函数使用键序列执行间接排序。键可以看作电子表格中的一列。该函数返回一个索引数组，使用它可以获得排序数据。注意，最后一个键恰好是 sort 的主键。

NumPy 模块有一些用在数组内搜索的函数。提供了用于找到最大值、最小值以及满足给定条件的元素的函数。

- numpy. argmax（）和 numpy. argmin（）

这两个函数分别沿给定轴返回最大和最小元素的索引。

- numpy. nonzero（）

nonzero（）函数返回输入数组中非零元素的索引。

- numpy. where（）

where（）函数返回输入数组中满足给定条件的元素的索引。

- numpy. extract（）

extract（）函数返回满足任何条件的元素。

7.2.12　NumPy – 字节交换

我们已经看到，存储在计算机内存中的数据取决于 CPU 使用的架构。它可以是小端（最小有效位存储在最小地址中）或大端（最小有效字节存储在最大地址中）。

numpy. ndarray. byteswap（）

numpy. ndarray. byteswap（）函数在两个表示：大端和小端之间切换。

7.2.13　NumPy – 副本和视图

在执行函数时，其中一些返回输入数组的副本，而另一些返回视图。当内容物理存储在另一个位置时，称为副本。另外，如果提供了相同内存内容的不同视图，我们将其称为视图。

无复制

简单的赋值不会创建数组对象的副本。相反，它使用原始数组的相同 id（）来访问它。id（）返回 Python 对象的通用标识符，类似于 C 中的指针。

此外，一个数组的任何变化都反映在另一个数组上。例如，一个数组的形状改变也会改变另一个数组的形状。

视图或浅复制

NumPy 拥有 ndarray. view（）方法，它是一个新的数组对象，并可查看原始数组的相同数据。与前一种情况不同，新数组的维数的更改不会更改原始数据的维数。

深复制

ndarray. copy（）函数创建一个深层副本。它是数组及其数据的完整副本，不与原始数组共享。

7.2.14 NumPy – 矩阵库

NumPy 矩阵库包含一个 Matrix 库 numpy. matlib。此模块的函数返回矩阵而不是返回 ndarray 对象。

- matlib. empty（）

matlib. empty（）函数返回一个新的矩阵，而不是初始化元素。该函数接受以下参数。

numpy. matlib. empty（shape，dtype，order）

其中：

序号	参数及描述
1	shape 定义新矩阵形状的整数或整数元组
2	dtype 可选，输出的数据类型
3	order C 或者 F

- numpy. matlib. zeros（）

此函数返回以 0 填充的矩阵。

- numpy. matlib. ones（）

此函数返回以 1 填充的矩阵。

- numpy. matlib. eye（）

这个函数返回一个矩阵，对角线元素为 1，其他位置为 0。该函数接受以下参数。

numpy. matlib. eye（n，M，k，dtype）

其中：

序号	参数及描述
1	n 返回矩阵的行数
2	M 返回矩阵的列数，默认为 n
3	k 对角线的索引
4	dtype 输出的数据类型

- numpy. matlib. identity（）

numpy. matlib. identity（）函数返回给定大小的单位矩阵。单位矩阵是主对角线元素都为 1 的方阵。

- numpy. matlib. rand（）

numpy. matlib. rand（）函数返回给定大小的填充随机值的矩阵。

注意，矩阵总是二维的，而 ndarray 是一个 n 维数组，两个对象都是可互换的。

7.2.15　NumPy – 线性代数

NumPy 库包含 numpy. linalg 模块，提供线性代数所需的所有功能。此模块中的一些重要功能如下表所述。

序号	函数及描述
1	dot 两个数组的点积
2	vdot 两个向量的点积
3	inner 两个数组的内积
4	matmul 两个数组的矩阵积
5	determinant 数组的行列式
6	solve 求解线性矩阵方程
7	inv 寻找矩阵的乘法逆矩阵

- numpy. dot（）

此函数返回两个数组的点积。对于二维向量，其等效于矩阵乘法；对于一维数组，它是向量的内积。

- numpy. vdot（）

此函数返回两个向量的点积。如果第一个参数是复数，那么它的共轭复数会用于计算；如果参数 id 是多维数组，它会被展升。

- numpy. inner（）

此函数返回一维数组的向量内积。对于更高的维度，它返回最后一个轴上的和的乘积。

- numpy. matmul

numpy. matmul（）函数返回两个数组的矩阵乘积。虽然它返回二维数组的正常乘积，但如果任何一个参数的维数大于 2，则将其视为存在于最后两个索引的矩阵的栈，并进行相应广播。

另外，如果任何一个参数是一维数组，则通过在其维度上附加 1 来将其提升为矩阵，并在乘法之后被去除。

7.3　函数

7.3.1　Python 中函数的应用

Python 中函数的应用十分广泛，通过前面的内容我们已经了解了多个函数，比如 Python 的内置函数 input（）、print（）、len（）、range（）函数等，它们可以直接使用[42]。除了可以直接使用的内置函数外，Python 还支持自定义函数，即将一段有规律的、可重复使用的代码定义成函数，从而达到一次编写、多次调用的目的。举个例子，前面学习了 len（）函数，通过它我们可以直接获得一个字符串的长度。我们不妨设想一下，如果没有 len（）函数，要想获取一个字符串的长度，该如何实现呢？请看下面的代码。

```
n = 0
for c in "http://c. biancheng. net/python/" :
    n = n + 1
print( n)
```

程序执行结果为：

```
30
```

获取一个字符串长度是常用的功能，一个程序中可能用到很多次，如果每次都写这样一段重复的代码，不但费时费力、容易出错，而且交给别人时也很麻烦。所以 Python 提供了一个功能，即允许我们将常用的代码以固定的格式封装（包装）成一个独立的模块，只要知道这个模块的名字就可以重复使用它，这个模块就叫作函数（Function）。

比如，在程序中定义了一段代码，这段代码用于实现一个特定的功能。那么问题来了，如果下次需要实现同样的功能，难道要把前面定义的代码复制一次？如果这样做的话，就意味着每次当程序需要实现该功能时，都要将前面定义的代码复制一次。正确的做法是，将实现特定功能的代码定义成一个函数，每次当程序需要实现该功能时，只要执行（调用）该函数即可。

其实，函数的本质就是一段有特定功能、可以重复使用的代码，这段代码已经被提前编写好了，并且为其起一个"好听"的名字。在后续编写程序过程中，如果需要同样的功能，直接通过起好的名字就可以调用这段代码。

下面演示了如何将我们自己实现的 len（）函数封装成一个函数。

```
#自定义 len（）函数
def my_len( str) :
    length = 0
    for c in str:
    length = length + 1
    return length
```

```
#调用自定义的 my_len( )函数
length = my_len("http://c. biancheng. net/python/")
print(length)
#再次调用 my_len( )函数
length = my_len("http://c. biancheng. net/shell/")
print(length)
```

程序执行结果为：

```
30
29
```

如果读者接触过其他编程语言中的函数，以上对于函数的描述，肯定不会陌生。但需要注意的一点是，和其他编程语言中函数相同的是，Python 函数支持接收多个（≥0）参数，不同之处在于，Python 函数还支持返回多个（≥0）值。比如，上面的程序中，我们自己封装的 my_len（str）函数，在定义此函数时，我们为其设置了 1 个 str 参数，同时该函数经过内部处理，会返回给我们 1 个 length 值。通过分析 my_len（）函数这个实例不难看出，函数的使用大致分为 2 步，分别是定义函数和调用函数。接下来一一为读者进行详细的讲解。

7.3.2　Python 函数的定义

定义函数，也就是创建一个函数，可以理解为创建一个具有某些用途的工具。定义函数需要用 def 关键字来实现，具体的语法格式如下。

def 函数名（参数列表）:

//实现特定功能的多行代码

［return［返回值］］

其中，用［］括起来的为可选择部分，既可以使用，也可以省略。此格式中，各部分参数的含义如下。

● 函数名：其实就是一个符合 Python 语法的标识符，但不建议读者使用 a、b、c 这类简单的标识符作为函数名，函数名最好能够体现出该函数的功能（如上面的 my_len，即表示我们自定义的 len（）函数）。

● 参数列表：设置该函数可以接收多个参数，多个参数之间用逗号（,）分隔。

● ［return［返回值］］：整体作为函数的可选参数，用于设置该函数的返回值。也就是说，一个函数，可以有返回值，也可以没有返回值，是否需要根据实际情况而定。

107

注意，在创建函数时，即使函数不需要参数，也必须保留一对空的"（）"，否则 Python 解释器将提示"invaild syntax"错误。另外，如果想定义一个没有任何功能的空函数，可以使用 pass 语句作为占位符。

例如，下面定义了 2 个函数。

```
#定义一个空函数，没有实际的意义
def pass_dis( ):
    pass
#定义一个比较字符串大小的函数
def str_max( str1,str2):
```

```
def str_max( str1,str2):
    str = str1 if str1 > str2 else str2
    return str
```

虽然 Python 语言允许定义一个空函数，但空函数本身并没有实际的意义。另外值得一提的是，函数中的 return 语句可以直接返回一个表达式的值，例如修改下面的 str_max（） 函数。

```
def str_max( str1,str2):
    return str1 if str1 > str2 else str2
```

该函数的功能和上面的 str_max（） 函数是完全一样的，只是省略了创建 str 变量，因此函数代码更加简洁。

7.3.3　Python 函数的调用

调用函数也就是执行函数。如果把创建的函数理解为一个具有某种用途的工具，那么调用函数就相当于使用该工具。

函数调用的基本语法格式如下所示：

［返回值］=函数名(［形参值］)

其中，函数名指的是要调用的函数的名称；形参值指的是当初创建函数时要求传入的各个形参的值。如果该函数有返回值，我们可以通过一个变量来接收该值，当然也可以不接收。

需要注意的是，创建函数有多少个形参，那么调用时就需要传入多少个值，且顺序必须和创建函数时一致。即便该函数没有参数，函数名后的小括号也不能省略。

例如，我们可以调用上面创建的 pass_dis（） 和 str_max（） 函数：

```
pass_dis( )
strmax = str _ max ( " http://c. biancheng. net/python" ," http://c. biancheng. net/
shell" )
print( strmax)
```

首先，对于调用空函数来说，由于函数本身并不包含任何有价值的执行代码，也没有返回值，所以调用空函数不会有任何效果。

其次，对于上面程序中调用 str_max ( ) 函数，由于当初定义该函数为其设置了 2 个参数，因此这里在调用该函数时，就必须传入 2 个参数。同时，由于该函数内部还使用了 return 语句，所以我们可以使用 strmax 变量来接收该函数的返回值。因此，程序执行结果为：

```
http://c. biancheng. net/shell
```

7.3.4　为函数提供说明文档

通过调用 Python 的 help ( ) 内置函数或者 __doc__ 属性，我们可以查看某个函数的使用说明文档[42]。事实上，无论是 Python 提供给我们的函数，还是自定义的函数，其说明文档都需要设计该函数的程序员自己编写。其实，函数的说明文档，本质就是一段字符串，只不过作为说明文档，字符串的放置位置是有讲究的，函数的说明文档通常位于函数内部、所有代码的最前面。

以上面程序中的 str_max ( ) 函数为例，下面演示了如何为其设置说明文档：

```
#定义一个比较字符串大小的函数
def str_max( str1 ,str2) :
    '''
    比较 2 个字符串的大小
    '''
    str = str1 if str1 > str2 else str2
        return str
help( str_max)
#print( str_max. __doc__)
```

程序执行结果为：

```
Help on function str_max in module __main__:
str_max( str1 ,str2)
比较 2 个字符串的大小
```

上面的程序中，还可以使用 __ doc __ 属性来获取 str_max（）函数的说明文档，即使用最后一行的输出语句，其输出结果为：

比较 2 个字符串的大小

7.4　第三方资源

这里有 13 个比较优秀的第三方资源。

1. Pillow

简介：图像处理库，易用版的 PIL。

亮点：使用过图像处理的 Pythonist 会比较了解 PIL（Python 图像库），PIL 更新得较少，也有很多限制和缺点。Pillow 通过最小的变化和 PIL 代码兼容，其目标是比 PIL 更容易使用。扩展包括用于与本机 Windows 的映像功能和 Python Tcl/Tk – backed Tkinter GUI 包[43]。

在 2017 年发布了 Pillow 的 4.0 版本，主要针对其内部结构增添了很多改变，也更新了 Pillow 使用最新版本的依赖库，比如 FreeType 和 OpenJpeg 等[43]。

2. Gooey

简介：通过一条命令使命令行程序变成一个 GUI 程序。

亮点：Gooey 论述了 argparse 命令行解析库期望的参数，并通过 GUI 的形式展示给用户。全部的选项都是用对应的控件（比如多选项参数的下拉列表等）来进行显示和标记的。如果已经在用 argparse，只需一个单独的 include 和一个单独的 decorator 就能让它工作。

3. Peewee

简介：轻量级的 ORM 提供了多种扩展，支持 MySQL、SQLite 和 PostgreSQL。

亮点：目前，虽然 ORM 没有很大的声誉，但对不想接触数据库的开发人员来说一个结构较好的 ORM 是一个非常好的方法。Peewee 具有易构建、连接和操作的特点，它内置了非常多的查询操作函数，有很多的功能作为加载项，包括测试工具、其他数据库的扩展甚至模式迁移系统[43]。

4. Scrapy

简介：具有快速、高级的屏幕抓取及 Web 爬虫特点的框架。

亮点：Scrapy 的爬取过程比较简单。创建一个类，定义将要删除的项目的类型，并编写一些从页面中提取数据的规则[43]。其结果通过 JSON、XML、CSV 或其他的格式导出。Scrapy 将收集到的数据以 raw 的格式保存，也能在导入的过程中进行清理。此外，Scrapy 可扩展会话 cookie 处理、网站登录处理等行为。

5. Apache Libcloud

简介：通过单一、一致和统一的 API 访问各个云提供商的 Python 库。

亮点：云提供商们都比较喜爱以他们自己的方式做事情，所以对他们来说用一个统一的机制来处置一些供应商和相应的方法是一个很好的福利。API 支持 2. x 和 3. x 版本的 Python，可用于存储、计算、DNS 和负载平衡。能较好地支持某些通过使用 Python 的 PyPy 版本来实现一些额外的功能。

6. Pygame

简介：具有高度的可移植性的游戏开发模块。

亮点：Pygame 可以通过 Python 语言创建功能齐全的游戏和多媒体程序，它有一个比较方便的方法进行处理多声道声音、绘制画布和 sprite 图形、碰撞检测、处理窗口和点击事件等很多面向 GUI 的行为。虽然使用 Pygame 构建时并不是每个 GUI 应用都能受益的，但它提供的内容让人惊讶。

7. NumPy

简介：方便做线性代数、统计学、金融操作、矩阵数学等数学运算。

亮点：NumPy 是一个运行速度非常快的数学库，深得 Quant 和 bean 计数器的喜爱。NumPy 有矩阵数据类型、矢量处理、精密的运算库等数值编程工具，它和稀疏矩阵运算包 Scipy 搭配使用会非常的方便。

8. Sh

简介：Sh 是 subprocess 的替代库，可以调用 subprocess 中的任意外部程序。

亮点：在任何兼容 Posix 的系统上用的所有命令行程序都能用 Python。在这里不用重新造轮子，也不用努力添加该功能到自己的应用上[43]。需要注意的是：请确保不要将原始用户输入传递，因为该库对于通过此库传递的参数没有清理界限。

9. Python – docx

简介：通过编程来创建和操纵 Microsoft Word. docx 文件。

亮点：. docx 格式的内部复杂性导致编写用于创建和操纵 XML – style Microsoft Word 文档的脚本比较困难。Python – docx 创建 . docx 文件是通过一种高档的、编程的方法来实现的，可以通过库的 API 添加和更改文本、图像、样式和文档。但有些功能仍然不受支持，例如不能添加或更改标题和脚注。

10. PyFilesystem

简介：给文件系统提供通用的 Pythonic 接口。

亮点：PyFilesystem 是文件系统的抽象层，它的基本理念是通过同样的方法来抽象整个文件系统，在使用此模块时可以不需要知道文件确切的物理位置，事实上任何包含目录和文件的东西都能封装成一个共同的接口[43]。PyFilesystem 的独特之处是不用把来自标准库（主要是 os 和 io）的不同部分的东西拼凑在一起。

11. EbookLib

简介：处理 EPUB2/EPUB3 和 Kindle 格式图书的电子书库。

亮点：EbookLib 提供了管理工具和 API 来简化使用各种命令行或其他工具创建电子书，用于处理 EPUB2/EPUB3 和 Kindle 格式的图书（Kindle 支持正在开发中）。可以把图像和文本（HTML 格式）组装成一个电子书，包括章节、图像、HTML、嵌套目录条目标记等[43]。它还支持书脊、封面和样式表数据。

12. Cython

　　简介：Python 的 C 语言扩展工具，使 Python 编译成 C 模块来提高性能。

　　亮点：Cython 使 Python 访问 C 库比较方便，也允许 Python 代码转换为高性能 C 代码。在转换的过程中不用一次性地把所有事情做完，可以先从 Python 代码开始，通过 Cython 编译来提高适当的性能。如果想进一步加速，可以通过类型注释来装扮函数和变量。

13. Behold

　　简介：支持 print – style 的调试工具。

　　亮点：Behold 提供了一个进行上下文调试的工具包，这个工具包可通过 print 语句实现。为了便于通过搜索或过滤器进行排序，Behold 对结果进行标记，允许输出统一的外观。通过跨模块提供上下文使其便于在另一个模块中正确地调试来自某个模块的函数。Behold 能处理很多 Python 的特定场景，比如：揭露嵌套的属性、比较调试过程中的其他点、存储和重用结果等。

第 8 章　TensorFlow、Theano、Caffe的框架与安装

8.1　TensorFlow 的框架与安装

8.1.1　TensorFlow 的简介

TensorFlow[44]是谷歌在 2011 年开发的基础架构 DistBelief 的基础上进行改进和研发的第二代人工智能学习系统，它的命名源自于本身运行的原理。Tensor（张量）意味着 N 维数组，Flow（流）意味着基于数据流图的计算，TensorFlow 为张量从流图的一端流动到另一端的计算过程。TensorFlow 是将复杂的数据结构传输至人工智能神经网络中进行分析和处理的系统。

TensorFlow 可被应用于多项人工智能领域，例如语音识别或图像识别等，它在 2011 年开发的深度学习基础架构 DistBelief 上进行了各方面的改进，可在小到一部智能手机、大到数千台数据中心服务器的各种类型的设备上运行，它可以实现更高层次的机器学习计算，大幅度简化了第一代系统，并有着更好的可变性和可扩展性。目前的资料显示 CNN、RNN 和 LSTM 这些在图像、语音识别和自然语言处理中最流行的深度神经网络模型，都被 TensorFlow 所支持。

8.1.2　TensorFlow 的架构

图 8-1 所示为 TensorFlow 的基本架构图，TensorFlow 的系统架构将整个系统

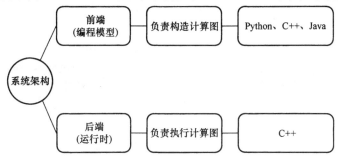

图 8-1　TensorFlow 的基本架构

分为前端和后端两个子系统。前端系统提供编程模型，负责构造计算图；后端系统提供运行时的环境，负责执行计算图。

TensorFlow 的详细架构如图 8-2 所示。

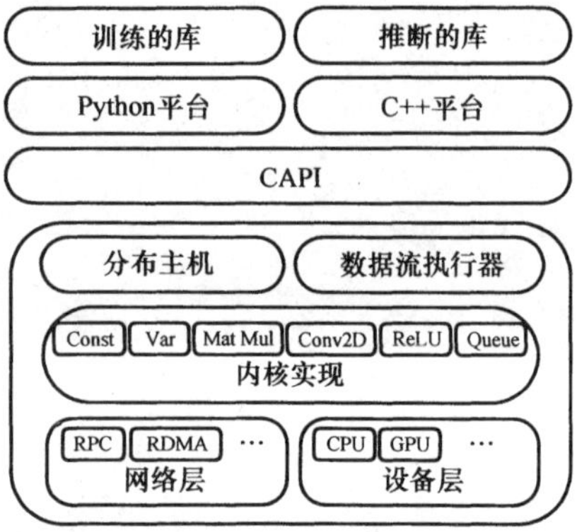

8.1.3　TensorFlow 的特点

1）高度的灵活性[45]：TensorFlow 不只是一个"神经网络"库。只要你以数据流图的方式进行计算，你就可以使用 TensorFlow。

2）可移植性（Portability）：TensorFlow 可以在手机、台式机以及大型服务器等设备上运行。并且它可以充分使用计算资源，在多 CPU 和多 GPU 上运行。

图 8-2　TensorFlow 的详细架构

3）多语言支持：TensorFlow 提供了一套易用的 Python 使用接口来构建和执行 graphs，也同样提供了一套易于 C++ 使用的接口（但目前训练神经网络只支持 Python，而 C++ 接口只能使用已经训练好的模型）。将来还会支持更多的主流编程语言。

4）性能最优化：TensorFlow 可以充分地利用多 CPU 和多 GPU，并且能够很好地支持线程、队列、异步操作等，TensorFlow 可以充分发挥你手中硬件的计算潜能。

8.1.4　TensorFlow 的安装

（1）Windows 系统下的安装方法

1）从官方网站下载 Anaconda，地址为：https：//www. anaconda. com/download/。

注意：按计算机选择 32 位或 64 位两个版本，图 8-3 所示为 Anaconda5. 3 版本截图，以下安装步骤有些可能属于上个版本，但总体安装方式差别不大。

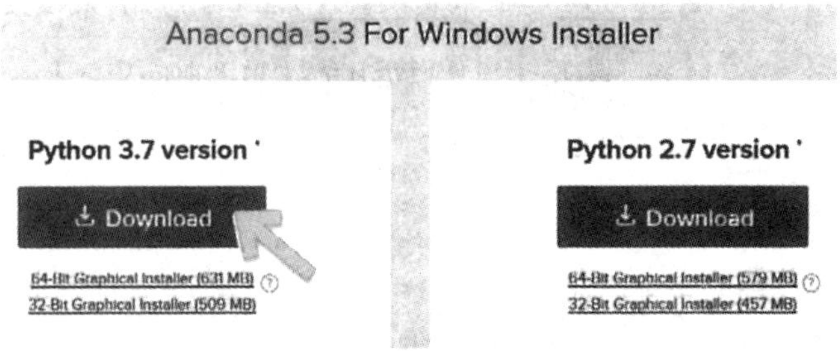

图 8-3　Anaconda 下载界面

2）进行软件安装。

注意：在 Advanced Options 中，Add 和 Register 这两个选项都需要勾选。

3）安装完成 Anaconda 之后进行环境变量的测试，进入 Windows 中的命令模式：

① 检测 Anaconda 环境是否安装成功：conda – – version。

```
C：\Users\Administrator > conda – – version
Conda 4. 4. 10
```

② 检测目前安装了哪些环境变量：conda info – – envs。

```
C：\Users\Administrator > conda info – – envs
# conda environments：
#
base                    * D：\anacondadownload
```

③ 在 Anaconda 中安装一个内置的 Python 版本解析器。

查看当前有哪些可以使用的 Python 版本：conda search – – full – – name python。

安装 Python 版本（这里安装的是 3. 5 的版本）：conda create – – name TensorFlow python = 3. 5。

④ 激活 tensorflow 的环境：source activate tensorflow（Linux）或 activate tensorflow（Windows）（注意：这个是在后序安装成功之后才能进行的，否则会提示错误）。

```
C：\Users\Administrator > source activate tensorflow
< tensorflow >    C：\Users\Administrator >
```

⑤ 检测 TensorFlow 虚拟环境是否创建成功的命令：conda info – – envs（注意：基于后序安装成功之后才进行的，否则会提示错误）。

```
C：\Users\Administrator > conda info – – envs
# conda environments：
#
base             * D：\anacondadownload
tensorflow       * D：\anacondadownload\envs\tensorflow
```

⑥ 检测当前环境中的 Python 的版本：python – – version。

```
C：\Users\Administrator > activate tensorflow
< tensorflow > C：\Users\Administrator > python – – version
Python 3. 5. 5：：Anaconda，Inc.
```

⑦ 退出 TensorFlow 的环境：Deactivate。

```
< tensorflow > C:\Users\Administrator > Deactivate
C:\Users\Administrator >
```

⑧ 切换到 tensorflow 的环境：activate tensorflow。

4）正式地安装 TensorFlow。

通过命令：pip install – – upgrade – – ignore – installed tensorflow。

等待系统安装。

需要注意的是：如果在这个命令之后，有提示说需要升级你的 pip 的版本，那么根据上面的提示进行命令安装就可以了。

5）等待完成之后，确认是否安装成功。

方法一：直接点击 Anaconda Prompt 进入，会显示：

```
< base > C:\Users\Administrator >
```

切换到 TensorFlow 的环境，输入 activate tensorflow。

```
< base > C:\Users\Administrator > activate tensorflow
```

进入 Python 编辑环境，输入 Python。

```
< tensorflow > C:\Users\Administrator > Python
Python 3. 5. 5|Anaconda,Inc. | < default,Apr 24 2018,16:08:47 > [MSC v. 1900 64t
< AMD64 > ]on win32
Type"help","copyright","credits"or"license"for more information.
```

编写一个使用的代码：

```
> > >import tensorflow as tf
> > >hello = tf. constant('hello,tensorf')
> > >sess = tf. Session()
> > >print(sess. run(hello))
b'hello,tensorf'
```

方法二：通过使用 Anaconda 中的 spyder 的编辑器。

这个方式更加简单，直接编写上面的代码，再运行就可以了。

需要注意：如果你发现 conda 和 TensorFlow 环境都是安装成功的，但是一用测试代码进行跑的时候就出问题，那么请注意，这是由于你在安装 TensorFlow 的时候，是直接在 cmd 下安装的，而不是在你用 conda 激活的虚拟环境下安装的，TensorFlow 并没有直接嵌入 conda 环境中，所以，就出现无法导入模块的错误。

解决方法：只需要在执行 activate tensorflow 命令后使用第 4）步中的命令就可以了。

（2）Linux 系统下的安装方法

1）下载 Anaconda 的 Linux 版本，地址为：https：//www. anaconda. com/download/#linux。

2）运行下载好的 Anaconda，找到下载的目录，然后执行命令：bash XXXXXXXXX（就是 Anaconda 文件的名字）。

3）一直等待安装完成即可。

默认安装路径

Anaconda3 will now be installed into this location：

/home/snail/anaconda3

 – Press ENTER to confirm the location

 – Press CTRL – C to abort the installation

 – Or specify a different location below

［/home/snail/anaconda3］＞＞＞

添加环境变量

Python 3. 5. 2：：Continuum Analytics，Inc.

creating default environment. . .

installation finished.

Do you wish the installer to prepend the Anaconda3 install location to PATH in your /home/snail/. bashrc？［yes | no］

［no］＞＞＞yes

特别注意：在进行安装时，系统会询问你是否要将这个安装位置添加到环境变量中，最好选择 yes，否则每次都要进行额外的手动添加，十分不方便。

4）对 Anaconda 的环境进行测试。

执行命令：conda – – version（作用：查看当前 Anaconda 的版本）。

如果出现对应的安装版本，那么就表示安装成功，可以继续后面的安装步骤。

5）创建 TensorFlow 虚拟环境。

执行命令：conda create – n tensorflow Python = 3. 5 当执行完成之后，就根据提示输入 yes 就可以了，慢慢等待。

6）进入到 TensorFlow 的虚拟环境，执行命令：source activate tensorflow。

7）激活 TensorFlow 的环境。

执行命令：pip install – – ignore – installed – upgrade https：//

storage. googleapis. com/tensorflow/linux/cpu/tensorflow – 0. 8. 0rc0 – cp27 – none – linux_x86_64. whl。

需要注意：如果你安装的 Python 版本是 2.7，那么就用上面的地址即可，如果你用了 3.5 版本，那么需要对应地修改为如下链接（其他版本类似修改）：

pip install – – ignore – installed – upgrade https：//storage. googleapis. com/tensorflow/linux/cpu/tensorflow – 0. 12. 1 – cp35 – cp35m – linux_x86_64. whl。

8）安装完成之后，进行测试。

① 在 TensorFlow 的环境下，执行命令：Python

② 输入代码（这个其实和 Windows 安装时候的测试是一样的）：

```
import tensorflow as tf
hello = tf. constant('first tensorflow')
sess = tf. Session( )
print sess. run( hello)
```

如果输出 first tensorflow，那么就表示安装成功了。

补充说明：当需要退出 Python 环境，即执行 Ctrl + D 或者输入 quit 即可；当需要退出 TensorFlow 环境，即执行 source deactivate；当需要激活 TensorFlow 环境，即执行 source activate tensorflow。

118

8.2 Theano 的框架与安装

8.2.1 Theano 的简介

Theano[46]是在 BSD（Berkly Software Distribution）许可证下发布的一个开源项目，由 LISA 集团（现 MILA）在加拿大魁北克的蒙特利尔大学开发。这个名字来源于一个希腊数学家的名字。

Theano 是一个数学表达式的编译器，也是 Python 开发语言的核心，它允许定义、评估和优化数学表达式，特别是具有多维数组（Numpy. Ndarray）的数学表达式。它的作用是获取数组结构并将其变成一个使用 NumPy 以及本地库的高效的代码，例如 BLAS 和本地代码（C + +），使之能够在 CPU 或 GPU 上尽可能快地运行。它成功地运用一系列代码进行优化，充分地发挥了应用硬件中的性能。

Theano 实际语法的表达方式是象征性的，比较适用于初学者进行一般的软件开发。具体地说就是，定义和编译表达式是在抽象的意义上进行的。它的设计是用来专门处理深度学习中大型神经网络算法的，被认为是深度学习开发和研究的行业标准，也是这类库的首创之一。

Theano 有以下特点：

1）用数学表达式描述变量、矩阵和公式的计算过程。

2）解析式计算梯度。

3）可以在 GPU 上运行。

下面是如何使用 Theano 的例子。它并不显示许多 Theano 的特征，但它具体地说明了 Theano 是什么。

```
import theano
from theano import tensor
a = tensor. dscalar( )
b = tensor. dscalar( )
c = a + b
f = theano. function([a,b],c)
assert 4. 0 = = f(1. 5,2. 5)
```

在正常意义上，Theano 不是一种编程语言，因为是用 Python 编写了一个为 Theano 构建表达式的程序。但从某种意义上讲，它仍然是一种编程语言，需要满足以下 3 点：

1）声明变量（a, b）并给出它们的类型。

2）创建如何将这些变量组合在一起的表达式。

3）将表达式编译成函数，以便将它们用于计算。

8.2.2　**Theano** 的安装

（1）在 Windows 系统中

本文采用 Python 的发行版 Anaconda。

安装 minGW, libpython。

如果你的计算机未下载 minGw 和 libpython，需要按以下步骤进行在线安装（要求计算机联网）。

首先打开命令行窗口，在命令行窗口（注意是命令行窗口，不是 Python 的 shell 脚本）输入如下命令：

conda install mingw libpython

在安装过程中会让你选择 Proceed([y]/n)，需选择 y。

然后检查在环境设置的路径里是否有 mingw 的路径，如果没有就添加一下。

安装 Theano。

在命令行窗口输入

pip install theano

Theano 安装完成后可以在 Anaconda2 \ Lib \ site – packages \ theano 文件夹下找到 Theano 的文件夹。然后不要忘记将该路径加入环境变量中。

配置路径文件。

第一步,在你的计算机 User 目录下找到用户文件夹,假设登录用户名是 Marijuana,则在 C：\Users\Marijuana 下新建文本文档,此时注意不要改名。

第二步,在新建文本文档中输入如下命令：

```
[global]
openmp = False
[blas]
Idflags =
[gcc]
cxxflags = - IC：\Users \ Marijuana \ Anaconda2 \ MinGW （路径根据自己的
MinGW 来设置）
```

第三步,保存,改变文本文档的名字为 . theanorc. txt（注意 Theano 前还有一个点）

最后一步,重启计算机。

Theano 测试。

从 cmd 进入 Python 的 shell 脚本,输入如下指令：

```
> > >import theano
> > >theano. test( )
```

```
Ran 2997 tests in 7283. 677s
OK( SKIP = 159)
< nose. result. TextTestResult run = 2997 errors = 0 failures = 0 >
> > >
```

（2）在 Linux 系统中

首先安装所需要的依赖库,然后安装 Theano。

Sudo apt – get install python – numpy python – scipy python – dev python – pip python – nose g + +libopenblas – dev git sudo pip install Theano

Theano 安装完成,如果需要使用 Theano 的最新版本,可以通过 github 安装。

通过 github 安装 Theano 的命令如下：

```
git clone git：//github. com/theano/theano. git
cd theano
sudo python setup. py develop
```

如果已经安装的 Theano 需要升级，可以按照以下说明进行升级。

通过 github 升级 Theano 的命令为：

```
Sudo pip install - - upgrade - - no - deps theano
#或
Sudo pip install - - upgrade theano
#如果通过 github 安装
cd theano
git pull
```

如果希望在 CUDA 的 GPU 上运行 Theano，则需要安装 GPU 驱动程序和 CU-DA Toolkit（工具包）。在 Ubuntu 中，可以使用下面的命令直接安装。

安装 CUDA Toolkit：

sudo apt - get install nvidia - current

sudo apt - get install nvidia - cuda - toolkit

在 GPU 上运行 Theano 时，首先需要在主目录创建一个 .theanorc 文件，文件内容如下：

［global］

floatX = float32

device = gpu

［nvcc］

fastmath = True

第二行表示 float 是 32bit 的，第三行表示在 GPU 上运行。如果希望在 CPU 上运行，可以设置 device = cpu。至此，Theano 的安装以及在 GPU 上运行 Theano 的配置就完成了。

8.3　Caffe 的架构与安装

8.3.1　Caffe 的简介

Caffe（Convolutional Architecture for Fast Feature Embedding）[47] 是一个开源的可读性高的深度学习框架，其训练可以使用自己的 CPU 或 GPU 进行，该框架不需要自己编写，只需要配置文件，并指定其所使用的神经网络。

Caffe 可实现架构前馈卷积神经网络，例如在一个 n 层的神经网络中，我们可以通过调整其中的参数，来使任何一层的输入等于该层的输出，任何一层都是另一种表示的输入形式。深度学习作为一种特征学习方法，有着将原始数据经过简单的非线性的模型转化为更加高层次、更加抽象的表达的能力，通过这种高层次的表达能力来进行对原始输入数据的区分，同时减少不相关因素的干扰。

Caffe 模块的组成主要包括 4 个部分。

1）Blob：在 layer 上流动，Caffe 数据的表示。

2）Layer：神经网络层或输入输出层。

3）Net：该结构将 layer 层叠并进行神经网络的关联。

4）Solver：定义参数并协调训练和测试神经网络。

Blob 为四维连续数组，一般可以表示为 (n, k, w, h)，它是数据的基础结构，该结构既可表示输入输出，又可表示参数数据。

Layer 网络基本单元的每一层类型都定义了 3 种计算方法：1）初始化网络参数；2）前向传播的实现；3）后向传播。

Net 无回路有向图，有一个初始化函数，主要有两个作用：1）创建 Blobs 和 Layers；2）调用 Layers 的 Setup 函数来初始化 Layers。还有两个函数 Forward 和 Backward，分别调用 Layers 的 Forward 和 Backward。

Solver 的作用是：1）创建用于学习的训练网络和用于测试的测试网络，测试网络主要是用于评估训练网络训练的准确性；2）周期性地对测试网络进行评估；3）调用前馈函数和后馈函数进行迭代次数的优化和参数的更新。在每一轮迭代中，Solver 都会通过前馈函数去计算迭代中的损失（Loss）与输出，计算梯度时应用反馈传播算法，更新 Solver 时我们一般使用更新学习率等方法。

8.3.2 Caffe 的安装

在安装 Caffe 前，我们需要先安装以下库以及其他必要的依赖库。

CUDA（在 GPU 运行程序时需要）

BLAS

Boost（1.55 以上版本）

OpenCV（2.4 以上版本）

安装依赖库

```
sudo apt – get install libatlas – bass – dev
sudo apt – get install python – opencv
sudo apt – get install libprotobuf – dev libleveldb – dev
libsnappy – dev libopencv – dev libhdf5 – serial – dev
sudo apt – get install  – no – install – recommends
libboost – all – dev
sudo apt – get install libgflags – dev libgoogle – glog – dev liblmdb – dev
protobuf – compiler
```

apt – get 简介：apt – get 是一条 Linux 命令，适用于 deb 包管理式的操作系统，可通过命令从互联网的库中搜索、安装、升级、卸载软件或操作系统。

依赖库安装完成后开始创建 Caffe。安装 Caffe 时需要创建 makefile. config 配置文件，Caffe 文件夹中默认含有一个示例 Makefile，我们只需进行复制然后修改。

```
make all
make test
make runtest
```

如果要使用 Python 调用 Caffe 接口，则需要安装 pycaffe。为了更方便地使用 Caffe 的命令，可以将 Caffe 的路径添加到环境变量中。添加环境变量的操作命令如下：

```
export CAFFE_ROOT = ~ / caffe
export PYTHONPATH = ~ / caffe / python / : $ OYTHONPATH
```

经过以上步骤，Caffe 就算编译成功了。至此，Caffe 的安装全部完成。

第 9 章 TensorFlow、Theano、Caffe的原理及应用

9.1 TensorFlow 的原理及应用

9.1.1 TensorFlow 的工作原理

TensorFlow 是一个基于数据流图（Data Flow Graphs）技术来进行数值计算的系统。数据流图是描述系统中数据的流向和变换过程的图示方法。在数据流图中，有向边代表节点之间的数据流向，它主要负责说明多维数据（Tensors）的传输方向；一个节点通常表示一种数学运算，节点可以异步和并行地执行操作，所以可以分配到多个设备上。因为数据流图是有向图，所以只能等待前一个节点完成计算后，下一个节点的计算才会执行[48]。

举个例子，比如有这样一个运算：

$$b * b - a * a * 5$$

.我们可以分解为下面几步：

$$t_1 = a * c$$
$$t_2 = 5 * t_1$$
$$t_3 = b * b$$
$$result = t_3 - t_2$$

转为数据流图如图 9-1 所示。

这里我们可以认为 a、b、c 和常数 5 都是一个 Tensors 数据对象，而 t_1、t_2、t_3 就是一些操作。比如这里的数学运算，也可以叫作节点。这一系列的计算流程可以用图来表示，也就是上面的数据流图，t_2 的执行必须等 t_1 先完成，而 t_3 的执行在 t_1 和 t_2 之前或之后完成都可以。

下面我们来看下数据流图是如何在 TensorFlow 中运行的。

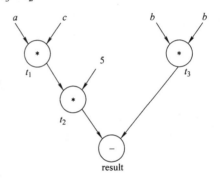

图 9-1 数据流图的一个例图

1）用有向图表示计算过程。

2）将有向图通过 Sessions 进行计算。

3）用 Tensors 来表示数据。

4）状态信息用 Variables 来保持。

5）使用 feeds 填充数据，并用 fetches 来抓取任意的操作结果。

举例说明：

（1）构建图

```
import tensorflow as tf
# 创建一个常量 op，返回值'matrix1'代表这个 1×2 矩阵。
matrix1 = tf. constant([[3. ,3. ]])
# 创建另外一个常量 op,返回值'matrix2'代表这个 2×1 矩阵。
matrix2 = tf. constant([[2. ],[2. ]])
# 创建一个矩阵乘法 matmul op，把'matrix1'和'matrix2'作为输入。
# 返回值'product'代表矩阵乘法的结果。
product = tf. matmul(matrix1 ,matrix2)
```

默认图有一个 matmul（）op，两个 constant（）op，三个节点。我们必须在会话里启动这个图，才能进行真正的矩阵乘法运算，并得到矩阵相乘的结果。

（2）张量 Tensor

从向量空间到实数域的多重线性映射（Multilinear Maps）（v 代表向量空间，v ∗ 代表对偶空间）。

例如代码中的 [[3. , 3.]]，一个 n 维的列表或数组由 Tensor 表示。在 TensorFlow 中所有的数据由 Tensor 数据结构来代表，在计算图中，Tensor 是各种操作中传递的数据。

（3）在一个会话中启动图

首先我们需要创建一个 Session 对象，如果我们没有对创建的对象有任何参数说明，那么会话构造器会启动默认图。op 所需的全部输入都由会话负责传递，op 的执行通常是并行的[49]。

```
sess = tf. Session()
# 调用 sess 的'run()'方法,传入'product'作为该方法的参数。
# 触发了图中三个 op(两个常量 op 和一个矩阵乘法 op)。
# 方法表明，我们希望取回矩阵乘法 op 的输出。
result = sess. run(product)
# 返回值'result'是一个 numpy'ndarray'对象。
print(result)
```

```
# = = >[[12.]]
# 任务完成,需要关闭会话以释放资源。
sess. close( )
```

9.1.2 TensorFlow 的简单应用

此节介绍的是利用 TensorFlow 的可视化工具 Tensorboard 来绘制神经网络训练的过程图,绘制每次迭代后的预测准确率、损失率,和每次迭代的权重的均值、标准差、最大最小值、直方图,以及偏移量的均值、标准差、最大最小值和直方图。代码如下[50-51]:

```
import tensorflow as tf
from tensorflow. examples. tutorials. mnist import input_data
#载入数据集
mnist = input_data. read_data_sets( "MNIST_data" ,one_hot = True)
#每个批次的大小
batch_size = 100
#计算一共有多少个批次
n_batch = mnist. train. num_examples//batch_size
#参数概要, tf. summary. scalar 的作用主要是存储变量,并赋予变量名,tf. name_
scope 主要是给表达式命名
def variable_summaries( var) :
with tf. name_scope('summaries') :
    mean = tf. reduce_mean( var)
    tf. summary. scalar('mean' ,mean)#平均值
    with tf. name_scope('stddev') :
        stddev = tf. sqrt( tf. reduce_mean( tf. square( var - mean) ) )
    tf. summary. scalar('stddev' ,stddev)#标准差
    tf. summary. scalar('max' ,tf. reduce_max( var) )#最大值
    tf. summary. scalar('min' ,tf. reduce_min( var) )#最小值
    tf. summary. histogram('histogram' ,var)#直方图
#命名空间
with tf. name_scope('input') :
#定义两个 placeholder
    x = tf. placeholder( tf. float32, [ None ,784] ,name ='x - input')
```

```
y = tf. placeholder( tf. float32, [ None,10 ] , name = 'y - input' )
with tf. name_scope( 'layer' ):
#创建一个简单的神经网络
    with tf. name_scope( 'wights' ):
        W = tf. Variable( tf. zeros( [ 784,10 ] ) , name = 'W' )
        variable_summaries( W )
#将 W 权重传入 variable_summaries 这个过程, 求权重的最大值、最小值、平均
值、标准差, 并画出直方图
with tf. name_scope( 'biases' ):
    b = tf. Variable( tf. zeros( [ 10 ] ) , name = 'b' )
    variable_summaries( b )#将 b 传入 variable_summaries 这个过程, 求偏移量的最
大值、最小值、平均值、标准差, 并画出直方图
with tf. name_scope( 'wx_plus_b' ):
    wx_plus_b = tf. matmul( x , W ) + b
with tf. name_scope( 'softmax' ):
    prediction = tf. nn. softmax( wx_plus_b )
#二次代价函数
# loss = tf. reduce_mean( tf. square( y - prediction ) )
with tf. name_scope( 'loss' ):
    loss = tf. reduce_mean( tf. nn. softmax_cross_entropy_with_logits( labels = y, logits =
prediction ) )
    tf. summary. scalar( 'loss' , loss )
    with tf. name_scope( 'train' ):
#使用梯度下降法
        train_step = tf. train. GradientDescentOptimizer( 0. 2 ). minimize( loss )
#初始化变量
init = tf. global_variables_initializer( )
with tf. name_scope( 'accuracy' ):
    with tf. name_scope( 'correct_prediction' ):
#结果存放在一个布尔型列表中
        correct_prediction = tf. equal( tf. argmax( y ,1 ) , tf. argmax( prediction ,1 ) )
#argmax 返回一维张量中最大值所在的位置
with tf. name_scope( 'accuracy' ):
    #求准确率
    accuracy = tf. reduce_mean( tf. cast( correct_prediction , tf. float32 ) )
```

```
  tf. summary. scalar('accuracy', accuracy)
#合并所有的 summary
merged = tf. summary. merge_all( )
with tf. Session( ) as sess：
  sess. run( init)
  writer = tf. summary. FileWriter('F:/tensorflow/logs/', sess. graph)#画出会话执行
过程图，并将图存储到 F:/tensorflow/logs/
  for epoch in range(51)：
    for batch in range( n_batch)：
      batch_xs, batch_ys = mnist. train. next_batch( batch_size)
      summary, _ = sess. run([merged, train_step], feed_dict = {x: batch_xs, y:
batch_ys})#执行所有的 summary
      writer. add_summary( summary, epoch)
    #每迭代一次就会执行一次 summary
    acc = sess. run ( accuracy, feed_dict = {x: mnist. test. images, y:
mnist. test. labels})
      print("Iter" + str( epoch) + ", Testing Accuracy" + str( acc))
```

执行结果如图 9-2 所示。

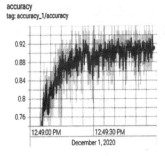

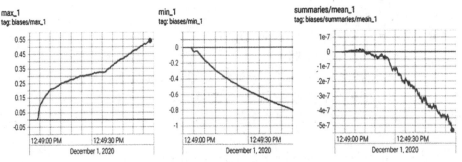

图 9-2   执行结果图

从图9-2中可以比较清晰地看出，左上角是准确率，振荡比较厉害，可以通过调节学习率和迭代次数解决，因为本次只是为了展示 Tensorboard 的使用，所以没进行调参。左下角是每次迭代偏移量最大值的变化，中间是偏移量最小值的变化，右下角是偏移量均值的变化，其他以此类推。

图9-3 所示为算法训练的过程图，单击里面的每个节点都可以展开，右边还有相应符号的说明。

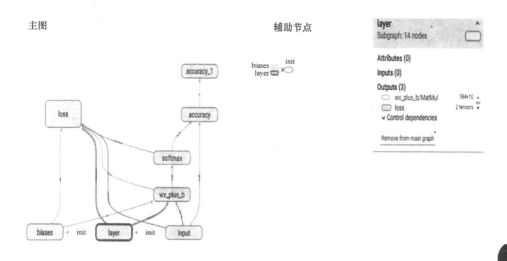

图9-3　算法训练的过程图

129

神经网络模型在训练过程中权重和偏移量的分布图如图9-4 所示。

神经网络模型在训练过程中权重和偏移量的直方图如图9-5 所示。

9.1.3　TensorFlow 的复杂应用

此节介绍的是利用卷积神经网络中的 AlexNet 模型来实现猫与狗图像的分类。

1. AlexNet 模型介绍

AlexNet 是由神经网络之父 Hinton 的学生 Alex Krizhevsky 开发完成的，它总共有8层，其中有5个卷积层，3个全连接层，AlexNet 的网络架构图如图9-6 所示。

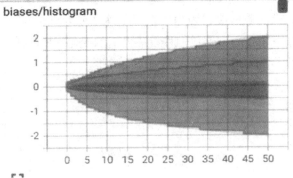

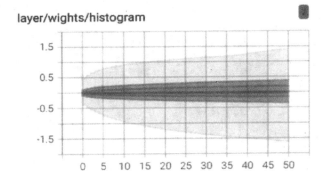

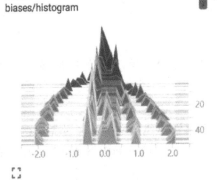
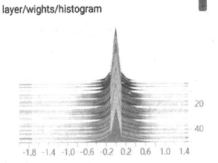

图 9-5　权重和偏移量的直方图

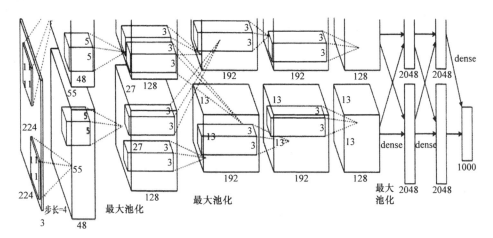

图 9-6　AlexNet 的网络架构图

第一层

卷积核	深度	步长	池化层过滤器	步长	
11 * 11	96	4 * 4	3 * 3	2 * 2	

第一层包含了卷积层、标准化操作和池化层，其中卷积层和池化层的参数在上表已给出。在 TensorFlow 中，搭建的部分代码程序为[52]：

```
# 1st Layer:Conv ( w ReLu) - > Lrn - > Pool
conv1 = conv( X, 11, 11, 96, 4, 4, padding = 'VALID', name = 'conv1')
norm1 = lrn( conv1, 2, 2e - 05, 0.75, name = 'norm1')
pool1 = max_pool( norm1, 3, 3, 2, 2, padding = 'VALID', name = 'pool1')
```

第二层

卷积核	深度	步长	池化层过滤器	步长	
5 * 5	256	1 * 1	3 * 3	2 * 2	

第二层实际也包含了卷积层、标准化操作和池化层，其中卷积层和池化层的参数在上表已给出。在 TensorFlow 中，搭建的部分代码程序为：

```
# 2nd Layer:Conv( w ReLu) - >Lrn - >Pool with 2 groups
conv2 = conv( pool1 ,5 ,5 ,256 ,1 ,1 , groups = 2 , name = 'conv2')
norm2 = lrn( conv2 ,2 ,2e - 05 ,0.75 , name = 'norm2')
pool2 = max_pool( norm2 ,3 ,3 ,2 ,2 , padding = 'VALID', name = 'pool2')
```

131

第三层

卷积核	深度	步长
3 * 3	384	1 * 1

第三层仅有一个卷积层，卷积核的相关信息见上表。在 TensorFlow 中的部分代码为：

```
# 3rd Layer:Conv( w ReLu)
#卷积层
conv3 = conv( pool2,3,3,384,1,1,name ='conv3')
```

第四层

卷积核	深度	步长
3 * 3	384	1 * 1

第四层仅有一个卷积层，卷积核的相关信息见上表，该层与第三层很相似，只是把数据分成了 2 组进行处理。在 TensorFlow 中的部分代码为：

```
# 4th Layer:Conv( w ReLu)splitted into two groups
#卷积层
conv4 = conv( conv3,3,3,384,1,1,groups =2,name ='conv4')
```

第五层

卷积核	深度	步长	池化层过滤器	步长	
3 * 3	256	1 * 1	3 * 3	2 * 2	

第五层是最后一层卷积层，包含一个卷积层和一个池化层，卷积核和池化层过滤器的相关信息见上表，该层仍然把数据分成了 2 组进行处理。在 TensorFlow 中的部分代码为：

```
# 5th Layer:Conv( w ReLu) - >Pool splitted into two groups
conv5 = conv( conv4,3,3,256,1,1,groups =2,name ='conv5')
pool5 = max_pool( conv5,3,3,2,2,padding ='VALID',name ='pool5')
```

第六层

第六层是全连接层，卷积层输出的数据一共有 4096 个神经元，在进入第六层全连接层后，首先做了数据的平滑处理，并随机删除了一些神经元。在 TensorFlow 中的部分代码为：

```
# 6th Layer:Flatten - > FC( w ReLu ) - > Dropout
flattened = tf. reshape( pool5 ,[ - 1,6 * 6 * 256 ])
fc6 = fc( flattened ,6 * 6 * 256 ,4096 , name = 'fc6')
dropout6 = dropout( fc6 , self. KEEP_PROB)
```

第七层

第七层是全连接层，也会做 dropout 处理。在 TensorFlow 中的部分代码为：

```
# 7th Layer:FC( w ReLu ) - > Dropout
fc7 = fc( dropout6 ,4096 ,4096 , name = 'fc7')
dropout7 = dropout( fc7 , self. KEEP_PROB)
```

第八层

第八层是全连接层，在最后 Softmax 函数输出的分类标签是根据实际分类情况来定义的，可能有 2 种、10 种、120 种等，在 Tensorflow 中的部分代码为：

```
self. fc8 = fc( dropout7 ,4096 , self. NUM_CLASSES , relu = False , name = 'fc8')
```

2. 图片数据的处理

一张图片是由一个个像素组成的，每个像素的颜色常常用 RGB、HSB、CYMK、RGBA 等颜色值来表示，每个颜色值的取值范围不一样，但都代表了一个像素点的数据信息。在图片的数据处理过程中，RGB 使用得最多，RGB 表示红绿蓝三通道，取值范围为 0 ~ 255，所以一个像素点可以看作是一个三维数组，即：array（[[[0, 255, 255]]]），三个数值分别表示 R、G、B（红、绿、蓝）的颜色值。比如一张 3 * 3 大小的 jpg 格式的图片，它的图片经过 TensorFlow 解码后，数据值输出为[53]：

```
image_path = 'images/image. jpg'
filename_queue
tf. train. string_input_producer( tf. train. match_filenames_once( image_path))
image_reader = tf. WholeFileReader( )
_, image_file = image_reader. read( filename_queue)
image = tf. image. decode_jpeg( image_file)
# 如果图片是 png 格式，则使用 tf. image. decode_png( )
sess. run( image)
- - result
```

133

```
array([[[0,0,0],[255,255,255],[254,0,0]],
[[0,191,0],[3,108,233],[0,191,0]],
[[254,0,0],[255,255,255],[0,0,0]]])
```

将数据集中的图片按照上述方法进行 RGB 值的转换，为下一步处理提供支持。

3. 用 TensorFlow 搭建完整的 AlexNet

首先配置 Tensorboard，然后训练参数，在 TensorFlow 中，定义加载参数的程序代码如下：

```
def load_initial_weights(self,session):
    """Load weights from file into network."""
    # Load the weights into memory
    weights_dict = np.load(self.WEIGHTS_PATH,encoding='bytes').item()
    # Loop over all layer names stored in the weights dict
    for op_name in weights_dict:
    # Check if layer should be trained from scratch
    if op_name not in self.SKIP_LAYER:
        with tf.variable_scope(op_name,reuse=True):
            # Assign weights/biases to their corresponding tf variable
            for data in weights_dict[op_name]:
                # Biases
                if len(data.shape) == 1:
                    var = tf.get_variable('biases',trainable=False)
                    session.run(var.assign(data))

                # Weights
                else:
                    var = tf.get_variable('weights',trainable=False)
                    session.run(var.assign(data))
```

134

我们在讲 AlexNet 的架构时，曾出现过数据分组处理，这里用程序来描述在一个 CPU 的情况下，如何把数据进行分组处理。数据的分组处理都是在卷积层中发生的，因此首先对于一个卷积函数，由于在第一层卷积没有分组，所以在函数中需要做分组的判断。如果没有分组，输入数据和权重直接做卷积运算；如果有分组，则把输入数据和权重先划分后再做卷积运算，卷积结束后再用 concat() 合并起来，这就是分组的具体操作[54]。

```
def conv(x,filter_height,filter_width,num_filters,stride_y,stride_x,name,padding =
'SAME',groups =1):
    """ Create a convolution layer. """
    # Get number of input channels
    input_channels = int(x.get_shape()[-1])
    # Create lambda function for the convolution
    convolve = lambda i,k:tf.nn.conv2d(i,k,strides =[1,stride_y,stride_x,1],
padding = padding)
    with tf.variable_scope(name) as scope:
        # Create tf variables for the weights and biases of the conv layer
        weights = tf.get_variable('weights',shape =[filter_height,filter_width,input_
channels/groups,num_filters])
        biases = tf.get_variable('biases',shape =[num_filters])
        if groups = =1:
            conv = convolve(x,weights)
    # In the cases of multiple groups,split inputs & weights and
        else:
            # Split input and weights and convolve them separately
            input_groups = tf.split(axis =3,num_or_size_splits = groups,value =x)
            weight_groups = tf.split(axis = 3,num_or_size_splits = groups,value =
weights)
            output_groups = [convolve(i,k)for i,k in zip(input_groups,weight_groups)]

            # Concat the convolved output together again
            conv = tf.concat(axis =3,values = output_groups)


    # Add biases
    bias = tf.reshape(tf.nn.bias_add(conv,biases),tf.shape(conv))
    # Apply relu function
    relu = tf.nn.relu(bias,name = scope.name)
    return relu
```

接着在 TensorFlow 中导入图片，在图片数据量大的情况下，TensorFlow 会建议把数据转换成 tfrecords 文件，然后再导入网络中运算，这样做的好处是可以加快计算速度，节约内存空间。但我们在训练网络时，没有发现转换成 tfrecords 文件会明显地提高计算速度，因此这里直接把原始图片转化成三维数据输入网络中。

在 Python 类中定义图片生成器，需要的参数有图片 URL、实际的标签向量和标签个数、batch_size 等。首先打乱整个训练集图片的顺序，因为图片名可能是按照某种规律来定义的，打乱图片顺序可以帮助我们更好地训练网络。完成这一步后就可以把图片从 RGB 色转换成 BRG 三维数组。

```python
class ImageDataGenerator(object):
    def__init__(self, images, labels, batch_size, num_classes, shuffle = True, buffer_size = 1000):
        self. img_paths = images
        self. labels = labels
        self. num_classes = num_classes
        self. data_size = len(self. labels)
        self. pointer = 0
        # 打乱图片顺序
        if shuffle:
            self. _shuffle_lists()
        self. img_paths = convert_to_tensor(self. img_paths, dtype = dtypes. string)
        self. labels = convert_to_tensor(self. labels, dtype = dtypes. int32)
        data = Dataset. from_tensor_slices((self. img_paths, self. labels))
        data = data. map(self. _parse_function_train, num_threads = 8,
output_buffer_size = 100 * batch_size)
        data = data. batch(batch_size)
        self. data = data
    """打乱图片顺序"""
    def_shuffle_lists(self):
    path = self. img_paths
    labels = self. labels
    permutation = np. random. permutation(self. data_size)
    self. img_paths = []
    self. labels = []
        for i in permutation:
    self. img_paths. append(path[i])
```

```
        self. labels. append( labels[ i ] )
    """把图片生成三维数组，以及把标签转化为向量"""
    def_parse_function_train( self,filename,label):
        one_hot = tf. one_hot( label,self. num_classes)
        img_string = tf. read_file( filename)
        img_decoded = tf. image. decode_png( img_string,channels = 3)
        img_resized = tf. image. resize_images( img_decoded,[ 227,227] )
        img_centered = tf. subtract( img_resized,VGG_MEAN)
        img_bgr = img_centered[ :,:,::-1]
        return img_bgr,one_hot
```

网络搭建完成，数据准备就绪，就可以开始训练了。由于网络和图片生成器是可以复用的，在训练图片的时候需要用户根据自己的实际情况编写代码调用网络和图片生成器模块，同时定义好损失函数和优化器，以及需要在 Tensorboard 中观测各项指标等操作。

4. 用 AlexNet 识别猫狗图片

（1）分类

假设有 3 万张猫狗图片训练集和 3000 张测试集，它们大小不一。我们的目的是使用 AlexNet 正确地分类猫和狗两种动物，因此，类别标签个数只有 2 个，并用 0 代表猫，1 代表狗，定义好图片 Tcnsorboard 存放的目录，以及训练好的模型和参数的存放目录等。

```
import os
import numpy as np
import tensorflow as tf
from alexnet import AlexNet
from datagenerator import ImageDataGenerator
from datetime import datetime
import glob
from tensorflow. contrib. data import Iterator


learning_rate = 1e - 4              # 设置学习率
num_epochs = 100                    # 设置迭代次数
batch_size = 1024                   # 一次性处理的图片数量
```

```
dropout_rate = 0.5                          # 设置 dropout 的概率
num_classes = 2                             # 类别标签的个数
train_layers = ['fc8','fc7','fc6']          # 训练层,即三个全连接层
display_step = 20                           # 显示间隔次数
# 存储 tensorboard 文件
filewriter_path = "./tmp/tensorboard"
# 训练好的模型和参数存放目录
checkpoint_path = "./tmp/checkpoints"
#如果没有存放模型的目录,程序自动生成
if not os.path.isdir(checkpoint_path):
    os.mkdir(checkpoint_path)
# 接着调用图片生成器来生成图片数据,并初始化数据:
# 指定训练集数据路径(根据实际情况指定训练数据集的路径)
train_image_path = 'train/'
# 指定测试集数据路径(根据实际情况指定测试数据集的路径)
test_image_cat_path = 'test/cat/'
test_image_dog_path = 'test/dog/'
label_path = []
test_label = []
# 打开训练数据集目录,读取全部图片,生成图片路径列表
image_path = np.array(glob.glob(train_image_path + 'cat.*.jpg')).tolist()
image_path_dog = np.array(glob.glob(train_image_path + 'dog.*.jpg')).tolist()
image_path[len(image_path):len(image_path)] = image_path_dog
for i in range(len(image_path)):
if 'dog' in image_path[i]:
label_path.append(1)
else:
label_path.append(0)
# 打开测试数据集目录,读取全部图片,生成图片路径列表
test_image = np.array(glob.glob(test_image_cat_path + '*.jpg')).tolist()
test_image_path_dog = np.array(glob.glob(test_image_dog_path + '*.jpg')).tolist()
test_image[len(test_image):len(test_image)] = test_image_path_dog
for i in range(len(test_image)):
```

```
        if i < 1500：
            test_label. append( 0)
        else：
            test_label. append( 1)
# 调用图片生成器，把训练集图片转换成三维数组
tr_data = ImageDataGenerator( images = image_path, labels = label_path,
                            batch_size = batch_size, num_classes = num_classes)
# 调用图片生成器，把测试集图片转换成三维数组
test_data = ImageDataGenerator(
images = test_image,
labels = test_label,
batch_size = batch_size,
num_classes = num_classes,
shuffle = False)


# 定义迭代器
iterator = Iterator. from_structure( tr_data. data. output_types,
tr_data. data. output_shapes)
# 定义每次迭代的数据
next_batch = iterator. gct_next( )


# 初始化数据
training_initalize = iterator. make_initializer( tr_data. data)
testing_initalize = iterator. make_initializer( test_data. data)
#训练数据准备好以后，通过 AlexNet 网络对输入数据进行特征提取。


x = tf. placeholder( tf. float32, [ batch_size, 227, 227, 3] )
y = tf. placeholder( tf. float32, [ batch_size, num_classes] )
keep_prob = tf. placeholder( tf. float32) # dropout 概率


# 图片数据通过 AlexNet 网络处理
model = AlexNet( x, keep_prob, num_classes, train_layers)
# 定义我们需要训练的全连接层的变量列表
var_list = [ v for v in tf. trainable_variables( ) if v. name. split( '/' ) [ 0] in train_layers]
```

```
# 执行整个网络图
score = model. fc8
# 接着当然就是定义损失函数、优化器。整个网络需要优化 3 层全连接层的参
数，同时在优化参数的过程中，使用的是梯度下降算法，而不是反向传播算法。
# 损失函数
loss = tf. reduce_mean( tf. nn. softmax_cross_entropy_with_logits( logits = score, labels
= y) )


# 定义需要精调的每一层的梯度
gradients = tf. gradients( loss, var_list)
gradients = list( zip( gradients, var_list) )


# 优化器，采用梯度下降算法进行优化
optimizer = tf. train. GradientDescentOptimizer( learning_rate)
# 需要精调的每一层都采用梯度下降算法优化参数
train_op = optimizer. apply_gradients( grads_and_vars = gradients)


# 定义网络精确度
with tf. name_scope( "accuracy") :
    correct_pred = tf. equal( tf. argmax( score, 1) , tf. argmax( y, 1) )
    accuracy = tf. reduce_mean( tf. cast( correct_pred, tf. float32) )


    # 以下几步是需要在 Tensorboard 中观测 loss 的收敛情况和网络的精确度而
定义的
    tf. summary. scalar('cross_entropy', loss)
    tf. summary. scalar('accuracy', accuracy)
    merged_summary = tf. summary. merge_all( )
    writer = tf. summary. FileWriter( filewriter_path)
    saver = tf. train. Saver( )
    # 最后，训练数据：


# 定义一代的迭代次数
train_batches_per_epoch = int( np. floor( tr_data. data_size/batch_size) )
```

```
test_batches_per_epoch = int( np. floor( test_data. data_size/batch_size) )

with tf. Session( ) as sess：
    sess. run( tf. global_variables_initializer( ) )
    # 把模型图加入 Tensorboard
    writer. add_graph( sess. graph)

    # 把训练好的权重加入未训练的网络中
    model. load_initial_weights( sess)
    print( "｛｝Start training. . . ". format( datetime. now( ) ) )
    print( "｛｝        Open        Tensorboard        at        - - logdir
                                   ｛｝". format( datetime. now( ) ,filewriter_path) )

    # 总共训练100代
    for epoch in range( num_epochs) :
    sess. run( iterator. make_initializer( tr_data. data) )
    print( "｛｝Epoch number：｛｝start". format( datetime. now( ) ,epoch +1) )

    # 开始训练每一代，一代的次数为 train_batches_per_epoch 的值
    for step in range( train_batches_per_epoch) :
    img_batch, label_batch = sess. run( next_batch)
    sess. run( optimizer, feed_dict = ｛x：img_batch,

                                                   y：label_batch,
keep_prob：dropout_rate｝)
        if step % display_step = =0：
            s = sess. run( merged_summary, feed_dict = ｛x：img_batch,
                                       y：label_batch,keep_prob：1. ｝)
            writer add_summary( s,epoch * train_batches_per_epoch + step)
```

训练完成后需要验证模型的精确度，这个时候需运用测试数据集[55]。

```
# 测试模型精确度
print( "｛｝ Start validation". format( datetime. now( ) ) )
sess. run( testing_initalize)
test_acc = 0.
test_count = 0
```

```
for_in range(test_batches_per_epoch):
    img_batch,label_batch = sess.run(next_batch)
    acc = sess.run(accuracy,feed_dict = {x:img_batch,y:label_batch,keep_prob:
1.0})
    test_acc + = acc
    test_count + = 1

test_acc/ = test_count

print("{} Validation Accuracy = {:.4f}".format(datetime.now(),test_acc))

# 最后把训练好的模型持久化。
# 把训练好的模型存储起来
print("{} Saving checkpoint of model...".format(datetime.now()))

checkpoint_name = os.path.join(checkpoint_path,'model_epoch' + str(epoch + 1) +
'.ckpt')
save_path = saver.save(sess,checkpoint_name)

print("{}Epoch number:{} end".format(datetime.now(),epoch + 1))
```

到此为止，一个完整的 AlexNet 就搭建完成了。在准备好训练集和测试集数据后，下面我们开始训练网络。

（2）训练网络

总共训练了 100 代，使用 CPU 进行计算，对 3 万张图片进行训练，并使用其中的 3000 张图片进行测试，网络的识别精确度为 71.25%，随着数据集的增多，再增加训练的次数，网络的精度会随之提高。

Tensorboard 训练算法流程图如图 9-7 所示。

（3）验证

验证代码如下：

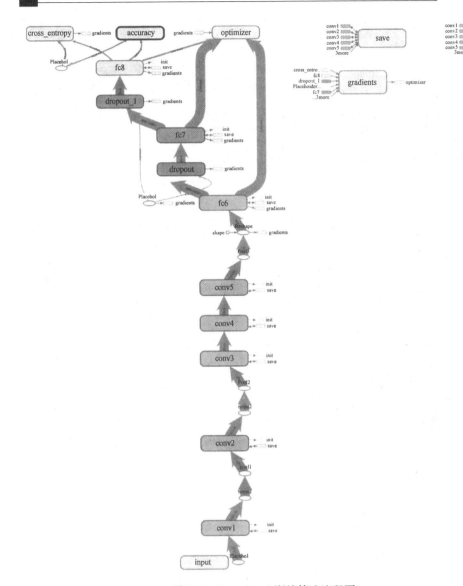

图 9-7　Tensorboard 训练算法流程图

```
import tensorflow as tf
# import 训练好的网络
from alexnet import AlexNet
import matplotlib. pyplot as plt
```

```
# 自定义猫狗标签
class_name = ['cat','dog']
def test_image(path_image,num_class,weights_path = 'Default'):
# 把新图片进行转换
    img_string = tf.read_file(path_image)
    img_decoded = tf.image.decode_png(img_string,channels = 3)
    img_resized = tf.image.resize_images(img_decoded,[227,227])
    img_resized = tf.reshape(img_resized,shape = [1,227,227,3])
    # 图片通过 AlexNet
    model = AlexNet(img_resized,0.5,2,skip_layer = '',weights_path = weights_
path)
    score = tf.nn.softmax(model.fc8)
    max = tf.arg_max(score,1)
    saver = tf.train.Saver()
    with tf.Session() as sess:
sess.run(tf.global_variables_initializer())
    # 导入训练好的参数
saver.restore(sess,"./tmp/checkpoints/model_epoch10.ckpt")
    # score = model.fc8
    print(sess.run(model.fc8))
    prob = sess.run(max)[0]
    # 在 matplotlib 中观测分类结果
    plt.imshow(img_decoded.eval())
    plt.title("Class:" + class_name[prob])
    plt.show()
# 输入一张新图片
test_image('./test/20.jpg',num_class = 2)
```

在网上任意下载 9 张猫狗图片来进行验证，有 2 张图片识别错误，如图 9-8 所示，验证的精确度为 77.8%。

图 9-8　测试结果图

9.2　Theano 的基本语法及应用

9.2.1　Theano 的基本语法

Theano 中的变量（包括标量、向量、矩阵和张量）称为符号变量，我们可以通过 theano. tensor 模块中的函数创建符号变量。

创建符号变量。

```
Import theano. tensor as T
x = T. iscalar('X')
x = T. scalar('x', dtype = 'int32')
v = T. fvector('v')
m = T. dmatrix('m')
t = T. dtensor3('t')
```

在创建符号变量时，可以将其声明为 int 型（i）、float 型（f）和 double 型（d）的标量（scalar）、向量（vector）、矩阵（matrix）和张量（tensor）。iscalar 表示 int 类型的标量。即便数据类型只使用 scalar 不加 i，只要在括号内加上 dtype = int32 就能和 iscalar 一样，表示 int 类型的标量。括号内的字符串表示符号变量的名称，可以省略。虽然可以省略，但是当发生错误时，如果能通过向用户显示的错误消息提示变量名称，将有助于用户快速定位问题。

接下来是定义数学表达式。

```
y = 2 * x
z = x * * 2 + y * * 2
```

如上所示，我们使用已经创建的符号变量定义数学表达式。上式分别表示 $y = 2x$ 和 $z = x^2 + y^2$。

在执行数学表达式之前，需要先创建函数。

```
from theano import function
f = function( inputs = [ x ], outputs = z)
```

调用 Theano 中的函数（function）即可完成数学表达式的编译。在 Theano 的符号变量中，第一个参数 inputs 表示输入，第二个参数 outputs 表示输出。其中，第一个参数的输入是 Python 列表，第二个参数的输出是用于计算的表达式。我们把 function 的输出记做 z，即 function 是通过两个已定义的数学表达式来计算 z 的。当 function 的输入为 3 时，z 的计算结果如下所示。

执行函数。

```
out = f( 3 )
输出 : array( 45 )
```

输入的符号变量并非必须是标量，也可以是向量。输入向量时，需要设置 x = T. dvector（'x'），用 numpy 数组为 x 赋值。

function 中有一个关键字是 givens。givens 用于把表达式中的符号变量替换为其他的符号变量或数值。

givens 的作用。

```
c = T. dscalar( )
z = x * * 2 + y * * 2
ff = theano. function( inputs = [ c ], outputs = z, givens = [ ( x, c * 10 ), ( y, 5 ) ] )
ff( 2 )
输出 array( 425 )
```

例如，原本要计算 $x^2 + y^2$，而 function 的第一个参数是符号变量 c。但是只使

用一个 c 无法完成运算，这就需要先使用 givens 为 x 和 y 赋值，然后再进行运算。即首先计算 $x = c \times 10$ 和 $y = 5$，然后根据结果计算 z。

下面我们来看一下求导。求导可以使用 grad 函数。

求导的定义。

```
gz = T. grad(cost = z, wrt = x)
f = function(inputs = [x], outputs = gz)
```

在 grad 函数中，参数 cost 是一个求导函数，参数 wrt 是求导的变量。这里，$z = x^2 + y^2$，我们要对 x 求导，得到 $f = 2x$。函数执行如下所示。

执行函数。

```
a = 3
b = f(a)
输出: array(6)
```

在学习 Theano 时，我们必须了解共享变量的概念。由于函数的输入和输出在 Python 的 numpy 数组里，所以在每次调用这些函数时，GPU 都需要将其复制到内存里。如果使用共享变量，GPU 就可以从共享变量中获取数据，无需每次都将数据复制到内存里。通过使用共享变量，使用误差反向传播算法等梯度下降法估计参数时，就无需每次调整时都将符号变量复制到内存中，因此运算速度能够得到提高。另外，如果将训练样本也作为共享变量，即可避免每次调整时都将训练样本复制到内存中。共享变量的创建可以使用 shared 函数。

创建共享变量。

```
from theano import shared
m = shared(np. zeros((3,3)), name = 'm')
n = shared(np. array([1.5,2.5,3.5]), name = 'n')
```

m 和 n 分别是矩阵和数组类型的符号变量，用 shared 关键字声明后，他们就是"共享变量"，只能在 Theano 的数学表达式内部被调用。如果希望查看共享变量的内容，需要采用下面的方法来使用 get_value()。

查看共享变量的内容。

```
m. get_value()
n. get_value()
```

数学表达式能够直接调用共享变量。

调用共享变量。

```
X = n * 3b
F = function( inputs = [ ] , outputs = x)
F( ) array( [ 4. 5 , 7. 5 10. 5 ] )
```

要想更新共享变量，需要把 function 的第三个参数设置为 updates，这个参数成了 Python 的字典。使用该参数生成的函数被调用时作为字典中的关键字，共享变量也会被替换。

更新共享变量。

```
N = shared( np. array( [ 1. 5 , 2. 5 , 3. 5 ] ) , name = 'n')
F = function( inputs = [ ] , outputs = [ ] , updates = {n : n * 2 } )
n. get_value( )
array( [ 1. 5 , 2. 5 , 3. 5 ] )
f( )
n. get_value( )
输出 : array( [ 3. , 5. , 7. ] )
F( )
```

```
n. get_value( )
输出 : array( [ 6. , 10. 14. ] )
```

我们来看一下使用 Theano 的梯度下降法。误差函数使用最小二乘误差函数，$E = \|x - t\|^2$ 梯度下降法的实现如下所示。

```
X = T. dvector
T = theano. shared( 0. )
Y = T. sum( ( x - t ) * * 2)
Gt = T. grad( y , t)
D2 = theano. function( inputs = [ x ] , outputs = y , updates = {t : t - 0. 05 * gt } )
```

首先将想要计算的 t 初始化为 0，代码第三行是定义误差函数，第四行是求误差函数的导数，第五行是把 t 的更新公式赋值给 function 的第三个参数 updates。接下来，设输入样本为 $x = \{1, 2, 3, 4, 5\}$，进行迭代赋值，执行梯度下降法。

D2([1,2,3,4,5])

输出:array(55.0)

t. get_value()

输出:1.5

D2([1,2,3,4,5])

输出:array(21.25)

t. get_value()

输出:2.25

D2([1,2,3,4,5])

输出:array(12.8125)

t. get_value()

输出:2.625

9.2.2　Theano 在 Windows 下的常用实例

int、float、double、uchar 等各种数据类型都包含在 theano. tensor 中, 不过 int 和 float 类型是我们最常用到的, 我们之所以在编写程序的时候很少用到 double, 主要是因为我们所用的 GPU 一般都是 float32 类型[56], 常用的数据类型如下:

int 类型的数值变量: iscalar;

int 类型的一维向量: ivector;

int 类型的二维矩阵: imatrix;

float 类型的数值变量: fscalar;

float 类型的一维向量: fvector;

float 类型的二维矩阵: fmatrix;

float 类型的三维矩阵: ftensor3;

float 类型的四维矩阵: ftensor4;

1. Theano 编程风格

比如当我们要使用 C + + 或者 Java 等语言计算 "2 的 3 次方" 的时候, 通常是:

```
int x = 2;
int y = power( x,3);
```

换句话说, 就是在以前的编程方法中, 当我们计算因变量时, 是先通过赋予自变量一个数值，然后再把这个自变量作为输入代入函数中，进而得到因变量。但是 Theano 与我们之前所接触到的编程方法大不相同，在 Theano 中，我们不需要给自变量赋值，只是先声明 x 为自变量，接着再写出函数 y 的方程，然后再赋值给自变量，最后计算出函数的因变量。例如在 Theano 中编写上面的计算函数，通常为：

```
import theano
x = theano. tensor. iscalar('x')#声明一个 int 类型的变量 x
y = theano. tensor. pow(x,3)#定义 y = x^3
f = theano. function([x],y)#定义函数的自变量为 x(输入),因变量为 y(输出)
print f(2)#计算当 x = 2 的时候,函数 f(x)的值
print f(4)#计算当 x = 4 的时候,函数 f(x) = x^3 的值
```

通常情况下，只要我们定义了函数表达式，例如 $f(x) = x^3$，这时我们只需输入要赋给自变量 x 的值，就可以计算出自变量 x 的 3 次方了。所以 Theano 的编程方式和我们的数学思路是类似的，在数学中给定一个 x 为自变量，接着定义一个函数或因变量 y，最后根据现实中的问题，赋予自变量 x 我们所需要的值，对因变量进行赋值计算。在深度学习中，每个样本都可以看作一个互不相同的数值，也就是自变量 x。

2. 举例说明

例 1：求偏导数

在 Theano 中，有一个非常实用的函数，就是 theano. grad（），这个函数可以直接用来求偏导数，例如上面的 s 函数，如果我们想要求 x = 3 时 s 函数的导数，可以通过以下代码实现。

```
#coding = utf - 8
import theano
x = theano. tensor. fscalar('x')#定义一个 float 类型的变量 x
y = 1/(1 + theano. tensor. exp( - x))#定义变量 y
dx = theano. grad(y,x)#偏导数函数
f = theano. function([x],dx)#定义函数 f,输入为 x,输出为 s 函数的偏导数
print f(3)#计算当 x = 3 的时候,函数 y 的偏导数
```

例 2：共享变量

共享变量，顾名思义就是各线程所共有的一种变量，它是多线程编程中的一个名词，共享变量是为了提高多线程的访问速度和计算效率而使用的变量。因为

通常在深度学习中，我们整体的计算过程是一个多线程的计算过程，为了提高效率，这就需要我们使用共享变量。在神经网络中，我们一般把网络的参数，如权重 W、偏置 b 等，定义为共享变量，因为基本上每个线程都需要访问神经网络的参数。

```
#coding = utf - 8
import theano
import numpy
A = numpy. random. randn(3,4);#随机生成一个矩阵
x = theano. shared(A)#从 A,创建共享变量 x
print x. get_value()
```

如果我们想要设置和查看共享变量的数值，可以通过函数 set_value() 和 get_value() 来实现。

例 3：共享变量参数更新

我们之前提到了函数 theano. function，其中有一个非常重要的参数，那就是 updates，updates 是一个列表或 tuple，其中包含了两个元素 old_w 和 new_w，当函数 updates = [old_w，new_w] 被调用的时候，new_w 会替换掉 old_w，让我们通过下面的例子来具体说明一下。

```
#coding = utf - 8
import theano
w = theano. shared(1)#定义一个共享变量 w,其初始值为 1
x = theano. tensor. iscalar('x')
f = theano. function([x],w,updates = [[w,w + x]])#定义函数自变量为 x,因变量
为 w,当函数执行完毕后,更新参数 w = w + x
print f(3)#函数输出为 w
print w. get_value()#这个时候可以看到 w = w + x 为 4
```

这个函数主要是在梯度下降的时候用到。比如 $updates = \left[w, w - \alpha * \left(\frac{\partial T}{\partial w} \right) \right]$，其中 α 是学习效率，$\frac{\partial T}{\partial w}$ 是梯度下降时损失函数对参数 w 的偏导数。

例 4：Theano 实现 logistic 回归

（1）参数设置

1）输入权重 w。

输入权重 w 为一个矩阵，图像的大小为矩阵的行，标签 One – Hot 编码后的大小为矩阵的列，Cifar – 10 总共有 10 类，所以 mnist 的标签应为 0 ~ 9。

2）学习率 learning_rate。

这里用的是固定学习率。通常来说学习率越小，则收敛越慢，且不容易跳过最优解，但计算时需要相当大的迭代次数。相反地，学习率越大，则收敛越快，但接近结果时可能会跳过最优解，逼近曲线锯齿化明显。

3）块大小 batch_size。

batch_size 越小则收敛越慢，引入的随机性越大，则效果会更好。batch_size 越大则相反[57]。

（2）代码实现

注释部分为 mnist 数据集的内容和设置，有效部分为 Cifar – 10 数据集的内容和设置。

1）加载数据集。

mnist 函数加载 mnist 数据集，One – Hot 设置编码格式；Cifar10 设置 Cifar – 10 数据集，dtype 设置输出数据的数据类型。

2）模型初始化。

先产生 32 × 32 行 10 列的权重，随机数产生的例子如下。

```
> > >shape = [3,5]
> > >np. random. randn( * shape)
Array([[0. 62938649, - 2. 1609661, 0. 53289692, 1. 1159679, - 0. 32720849),
[1. 25634316, - 0. 72860687, 1. 74129094, 0. 8601023, - 0. 96973218],
- 0. 54536395, 0. 67701616, 0. 10823068, 0. 01836692, 0. 2862584]])
```

3）logistic 回归模型。

假设有 X 和 Y 矩阵，X 为模型输入，Y 为模型输出。model 函数先让 X 和 w 相乘，X 的维度为：样本数 * 32 * 32，w 的维度为：32 * 32 * 10，相乘且经过 Softmax 回归后的 py_x 的维度为：样本数 * 10。y_pred 为 py_x 按列寻找出的最大值，即每个样本的最大的概率按行顺序组成 y_pred。

categorical_crossentropy 函数计算的是近似概率密度分布 py_x 和实际概率密度分布 Y 的交叉熵。交叉熵为 py_x 和 Y 每一位的交叉熵，共有 10 个数。这里用求平均表示的整体交叉熵作为损失 cost。熵越大，结果的不确定性越大。

grad 函数计算损失的梯度，以固定的学习率 learning_rate 来更新权重。update 为更新值的格式。

4）交叉熵。

同一事件集合上的两个不同的概率分布间的交叉熵，用来计算事件产生的位的平均值（这里是指整个数据集标签经过 One - Hot 编码后的标签每位的平均值）。假设计算得到的概率密度分布为 q，实际概率密度分布为 p，则交叉熵为：$H(p,q) = H(p) + DKL(p||q)$，其中 $H(p)$ 为 p 的熵，$DKL(p||q)$ 为 q 相对于 p 的 KL 散度。离散的交叉熵为 $p(x)\log q(x)$ 的和的负值。

5）Theano 的 function 函数说明。

function 函数包含输入 inputs、输出 outputs、更新 updates 和 allow_input_downcast 等。输入和输出不难理解，allow_input_downcast 指的是允许数据精度降低。以代码中的 w 为例，update 表示函数每更新一次，权重 w 就会被 w - gradient * learning_rate 替换一次。

6）模型训练。

模型训练是以块为单位进行的。batch_size 决定了块的大小，start 为块的起始索引，end 为块的结束索引。所以 train 执行的次数小于或等于块的个数。外层执行 100 次，每执行一次 epoch 时，权重更新块的个数。

7）模型预测。

predict 函数的输入为 X，输出为 y_pred。此时比较 teX 的输出 y_pred 的预测索引和 teY 中的实际索引，计算相同索引的均值以表示准确率 accuracy。

（3）实验结果

logistic 回归对于 mnist 数据集的准确率大约为91%，而对于 cifar - 10 数据集的准确率大约为28%，因此，cifar - 100 数据集的准确率更小。

```
epoch 90 - accuracy:0. 2854
epoch 91 - accuracy:0. 2858
epoch 92 - accuracy:0. 2859
epoch 93 - accuracy:0. 2861
epoch 94 - accuracy:0. 2863
epoch 95 - accuracy:0. 2864
epoch 96 - accuracy:0. 2855
epoch 97 - accuracy:0. 2853
epoch 98 - accuracy:0. 2854
epoch 99 - accuracy:0. 2858
Press any key to continue…
```

9.2.3 用 Theano 来编写一个简单的神经网络

我们可以把 Theano 想象成一个模子，其中提供了一些计算方法，我们需要做的只是填充数据和定义模子的形状。

首先我们定义初始数据集：

```
np. random. seed(0)
train_X, train_y = datasets. make_moons(300, noise = 0.20)
train_X = train_X. astype(np. float32)
train_y = train_y. astype(np. int32)
num_example = len(train_X)
```

其中，train_X 是一个随机的二维数，train_y 是一个标签，代表一个随机的一维数，且其中所有数值仅有 0 和 1 两种情况，train_X 和 train_y 的长度都为300，然后我们来设置神经网络的基本参数。

```
#设置参数
nn_input_dim = 2#设置输入神经元个数
nn_output_dim = 2#设置输出神经元个数
nn_hdim = 100
#设置梯度下降指数
epsilon = 0.01#learning rate
reg_lambda = 0.01#设置正则化长度
```

这是一个 3 层神经网络，形状为 $2 * 100 * 2$，学习率和正则化因子 lambda 的值均为 0.01。

在迭代过程中，w_1，b_1，w_2，b_2 是共享变量，我们可以通过使用 Theano 的 shared 变量来实现这一点，编写的代码如下。

```
w1 = theano. shared(np. random. randn(nn_input_dim, nn_hdim), name = "w1")
b1 = theano. shared(np. zeros(nn_hdim), name = "b1")
w2 = theano. shared(np. random. randn(nn_hdim, nn_output_dim), name = "w2")
b2 = theano. shared(np. zeros(nn_output_dim), name = "b2")
```

上面的代码表明这四个参数在训练过程中是共享的，下面我们还需要定义一个输入矩阵 X 的模子，和一个标签数据 y 的模子[58-59]。

```
X = T. matrix('X') #double 类型的矩阵
y = T. lvector('y') #int 类型的向量
z1 = X. dot(w1) + b1 #1
a1 = T. tanh(z1) #2
z2 = a1. dot(w2) + b2 #3
y_hat = T. nnet. softmax(z2) #4
```
#1 ~ #4 定义的是神经网络的前馈过程。

```
#正则化项
loss_reg = 1. /num_example * reg_lambda/2 * (T. sum(T. square(w1)) + T. sum
(T. square(w2))) #5
```
#5 是正则化项的计算值

```
loss = T. nnet. categorical_crossentropy(y_hat, y). mean() + loss_reg #6
```
#6 是计算交叉熵的损失值和正则化项损失值的和

```
#预测结果
prediction = T. argmax(y_hat, axis = 1) #7
```

以上我们定义的模子只需输入数据就可以进行计算了，现在我们只需要将这些模子与 Python code 联系起来，实现的代码如下。

```
forword_prop = theano. function([X], y_hat)
calculate_loss = theano. function([X, y], loss)
predict = theano. function([X], prediction)
```

以 forword_prop = theano. function（[X]，y_hat）为例，只需要输入数据 X，就可以在模子中计算 y_hat，因此只需在 Python 中直接调用函数 forward_prop（X）就可以计算了，其他的同理。

接下来，就是求导。

```
#求导
dw2 = T. grad(loss, w2)
db2 = T. grad(loss, b2)
```

```
dw1 = T. grad( loss, w1 )
db1 = T. grad( loss, b1 )
#更新值
    gradient_step = theano. function(

    [ X, y ],
    updates = (
    ( w2, w2 − epsilon ∗ dw2 ),
    ( b2, b2 − epsilon ∗ db2 ),
    ( w1, w1 − epsilon ∗ dw1 ),
    ( b1, b1 − epsilon ∗ db1 ),
    )
)
```

现在可以建立神经网络模型了。

```
def build_model( num_passes = 20000, print_loss = False ):
    w1. set_value( np. random. randn( nn_input_dim, nn_hdim )/np. sqrt( nn_input_
dim ) )
    b1. set_value( np. zeros( nn_hdim ) )
    w2. set_value( np. random. randn( nn_hdim, nn_output_dim )/np. sqrt( nn_hdim ) )
    b2. set_value( np. zeros( nn_output_dim ) )
    for i in xrange( 0, num_passes ):
        gradient_step( train_X, train_y )
        if print_loss and i%1000 = =0:
            print " Loss after iteration %i:%f " % ( i, calculate_loss( train_X, train_y ) )
```

这段代码就是进行迭代的过程，结果如下。

```
Loss after iteration 13000 : o. 100896
Loss after iteration 14000 : o. 096674
Loss after iteration 15000 : o. 093158
Loss after iteration 16000 : o. 090197
Loss after iteration 17000 : o. 087680
Loss after iteration 18000 : o. 085520
```

Loss after iteration 19000：o. 083651

The correct rate is ：0. 983333

9.3　Caffe 的结构、写法及应用

9.3.1　Caffe 的结构

Caffe 是用 C＋＋编写的深度学习框架，支持 CUDA，包含深度学习所需的卷积层和全连接层等功能。如图 9-9 所示，我们可以在 C＋＋程序中直接调用 Caffe，也可以通过 Python 和 Matlab 配置网络结构并进行训练和测试，这种方法也比较简单。

Caffe 网络模型的基本结构如图 9-10 所示，这里通过创建层（layer）和 blob 来搭建网络框架，layer 和 blob 都是在 ".prototext" 配置文件中定义的。在 Caffe 上进行训练和测试时，需要有如下 3 个必要的配置文件。

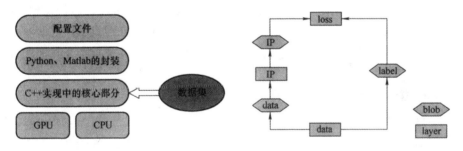

图 9-9　Caffe 的结构　　　　　图 9-10　Caffe 网络模型的基本结构

1）train_test. prototext：设置网络结构和训练数据集。

2）solver. prototext：设置训练参数。

3）deploy. prototext：设置输入数据信息和网络结构。

配置文件名不限于上述名称，可以自己修改。也可以定义 layer 的内容，并把 layer 作为 blob 加以命名。

9.3.2　Caffe 的写法

1. train_test. prototext 的写法

我们使用卷积神经网络的配置文件示例来介绍用于训练网络的配置文件 prototxt 的写法。示例保存在 examples/mnist/lenet_train_text. prototxt 中，文件开头部分如 lenet_train_text. prototxt 文件所示。

第一行代码指定了网络名称，这里指定的是 LeNet 网络。下面是以层为单位进行的设置，具体来说就是在 layer 后面的括号中进行设置。第一层设置的是训练数据集中的参数。括号中首先把层名称命名为了 mnist，然后把层类型设置为Data，层与层之间通过 blob 连接。该数据层通过 top 设置两个输出 blob，分别是data 和 label。后面的 data_param 部分是数据层必须设置的参数。训练数据集的数据库类型可以选 lmdb 或 leveldb，我们稍后会介绍如何创建 lmdb。此外，source 设置的是数据集名称，backend 设置的是数据库类型（这里使用 LMDB 格式），batch_size 设置的是每次迭代处理的样本数目，而 scale 设置为 1/256，即将输入数据的像素值由 0～255 归一化到 0～1。

接下来设置测试数据，和训练数据集一样，这里的设置也以层为单位，在每一层的括号内设置所需参数。这里把层名称设置为 mnist，把层类型设置为 data，然后也创建两个 blob（分别是 data 和 label），后面的 data_param 部分是数据层必须设置的数据集名称等参数。

在 LeNet 网络结构代码块中，第一个卷积层命名为 conv1，层类型设置为convolution，这表示该层为卷积层。卷积层的 bottom 设置为 data，表示卷积层的输入是其上一层的数据层，即训练数据集或测试数据集的 blob 之后就是卷积层，top 设置的是卷积层的 blob。后面两个 param 中的 lr_mult 分别表示权重学习率的系数和偏置学习率的系数，这里定义的只是学习率的系数，学习率在其他配置文件中定义。

lenet_train_text. prototxt 文件

```
//训练网络名称
name:"LeNet"
//输入层(训练数据集)
layer{
  name:"mnist"
  type:"Data"
  top:"data"
  top:"label"
include{
    phase:TRAIN
  }
transform_param{
    scale:0.00390625
  }
```

```
data_param{
    source:"examples/mnist/mnist_train_lmdb"
    batch_size:64
    backend:LMDB
}
}
//输入层(测试数据)
layer{
  name:"mnist"
  type:"Data"
  top:"data"
  top:"label"
  include{
    phase:TEST
  }
transform_param{
  scale:0.00390625
    }
  data_param{
    source:"examples/mnist/mnist_test_lmdb"
batch_size:100
    backend:LMDB
  }
}
```

lenet_train_test. prototext 文件中 LeNet 网络结构代码块

```
//卷积层
layer{
    name:"conv1"
    type:"Convolution"
    bottom:"data"
    top:"conv1"
    param{
lr_mult:1
```

```
      }
      param{
lr_mult:2
      }
convolution_param{
      num_output:20
kernel_size:5
      stride:1
  weight_filler{
      type:"xavier"
      }
bias_filler{
      type:"constant"
      }
  }
}
//池化层
layer{
  name:"pool1"
  type:"Pooling"
  bottom:"conv1"
  top:"pool1"
pooling_param{
  pool:MAX
  kernel_size:2
  stride:2
  }
}
```

后面的 convolution_param 中设置的是卷积层的参数。卷积核的个数由 num_output 设置，卷积核的大小由 kernel_size 设置，卷积核的步长由 stride 设置，权重和偏置的初始化方式分别由 weight_filler 和 bias_filler 设置。

我们在设置完卷积层之后设置池化层，把池化层命名为 pool1，层类型设置为 Pooling。池化层的 bottom 设置为 conv1，这表示池化层的输入是其上一层的卷积层。top 设置的是池化层的 blob。后面的 pooling_param 中设置的是池化层的参数，MAX 为池化方法。kernel_size 设置的池化核尺寸，以及 stride 设置的池化步长都为 2。

使用相同的方法设置卷积层 conv2 和池化层 pool2。代码块如下所示。

```
//卷积层
layer{
    name:"conv2"
    type:"Convolution"
    bottom:"pool1"
    top:"conv2"
    param{
lr_mult:1
    }

        param{
        lr_mult:2
        }
convolution_param{
        num_output:20
kernel_size:5
    stride:1
weight_filler{
        type:"xavier"
        }
bias_filler{
        type:"constant"
        }
    }
}
    //池化层
    layer{
        name:"pool2"
        type:"Pooling"
        bottom:"conv2"
        top:"pool2"
```

```
pooling_param{
pool:MAX
kernel_size:2
stride:2
}
}
```

  接下来设置全连接层。代码块如下所示，把全连接层命名为 ip1，层类型设置为 InnerProduct。全连接层的 bottom 设置为 pool2，这表示全连接层的输入是其上一层的池化层。然后设置全连接层权重学习率的系数和偏置学习率的系数，以及全连接层的相关系数。这里用 num_output 设置全连接层的单元个数，并在确定权重和偏置的初始化方法后添加一个"激活函数层"，这里以 Relu 为激活函数。

全连接层代码块

```
//全连接层
layer{
  name:"ip1"
  type:"InnerProduct"
  bottom:"pool2"
  top:"ip1"
  param{
lr_mult:1
}
  {
    param{
lr_mult:2
  }
inner_product_param{
    num_output:500
weight_filler{
    type:"xavier"
  }
bias_filler{
```

```
    type:"constant"
    }
  }
}
//激活函数层
layer{
    name:"relu1"
    type:"Relu"
    bottom:"ip1"
    top:"ip1"
}
```

接下来设置输出层，代码块如下所示，输出层的层类型与全连接层一样，都是 InnerProduct。在 inner_product_param 部分，用 num_output 将单元个数设置为 10。

输出层代码块

```
//输出层
layer {
    name:"ip2"
    type:"InnerProduct"
    bottom:"ip1"
    top:"ip2"
    param {
    lr_mult:1
    }
    param {
lr_mult:2
    }
inner_product_param {
    num_output:10
weight_filler {
    type:"xavier"
    }
```

```
bias_filler {
    type:"constant"
        }
}
}
layer {
    name:"accuracy"
    type:"Accuracy"
    bottom:"ip2"
bottom:"label"
    top:"accuracy"
include {
phase:TEST
    }
}
layer {
    name:"loss"
    type:"SoftmaxWithLoss"
    bottom:"ip2"
bottom:"label"
    top:"loss"
}
```

最后分别创建测试阶段和训练阶段使用的层。测试阶段的层类型设置为 Accuracy，训练阶段的层类型设置为 SoftmaxWithLoss，这两层都有两个 bottom，输出层 ip2 和 label 相连接[60]。主要的层类型和作用见表 9-1。

表 9-1　主要的层类型和作用

类别名称	作用
Convolution 层	就是卷积层，是卷积神经网络（CNN）的核心层
Pooling 层	也叫池化层，为了减少运算量和数据维度而设置的一种层
Local Response Normalization（LRN）	对一个输入的局部区域进行归一化，达到"侧抑制"的效果
InnerProduct	全连接层
Split	可以将输入的 blob 分裂（复制）成多个输出 blob 的功能层，通常当一个 blob 需要给多个层作输入时该层会被使用

（续）

类别名称	作用
Euclidean Loss	欧式距离损失函数（Euclidean Loss）线性回归常用的损失函数
Softmax With Loss	Softmax + 损失函数（Softmax With Loss）多类分类问题中会用到
Contrastive Loss	对比损失函数（Contrastive loss）
Information Gain Loss	信息增益损失函数（Information Gain Loss）处理文本用到的损失函数
Accuracy	计算识别准确率
Sigmoid Cross Entropy Loss	Sigmoid 交叉熵损失函数（Sigmoid Cross Entropy Loss），也就是 logistic regression 使用的损失函数
Hinge Loss	铰链损失函数（Hinge Loss），主要用在 SVM 分类器中

2. solver. prototxt 的写法

solver. prototxt 文件是网络训练的配置文件，如下所示。首先，net 设置的是上一节中网络结构配置文件 train_test. prototext。然后 solver_type 可以设置训练方法。训练方法包括随机梯度下降法、自适应梯度下降法和加速梯度下降法，分别用 SGD、ADAGRAD 和 NESTEROV 表示。测试迭代系数由 test_iter 设置，测试间隔由 test_interval 设置，也就是说每迭代 test_interval 次就进行一次测试。基础学习率由 base_lr 设置，用基础学习率乘以 train_test. prototext 配置文件中定义的该层的 lr_mult 来设置此层中的权重和偏置的学习率。这里还需设置迭代过程中基础学习率是否减小等训练策略。如果需要让基础学习率保持不变，lr_policy 就要设置为 fixed；如果需要逐渐减小基础学习率，则 lr_policy 就需要根据所使用方法的不同设置为 step 或 inv。display 和 max_iter 分别用于设置训练过程中的显示间隔和最大迭代次数。snapshot 用于设置训练过程中保存临时模型的时机（即每迭代多少次保存一次临时模型），而 snapshot_prefix 用于设置 snapshot 的前缀。最后，solver_mode 用于设置通过 GPU 训练还是通过 CPU 训练[61]。

solver. prototxt 文件

```
net:" examples/mnist/lenet_train_test_prototxt"
solver_type:SGD          //设置训练方法为随机梯度下降法
test_iter:100            //设置测试迭代系数
test_interval:500        //设置测试间隔
base_lr:0. 01            //设置基础学习率
momentum:0. 9
weight_decay:0. 0005
lr_policy:" liny"
```

gamma:0.0001
power:0.75
display:100   //设置训练过程中的显示间隔
max_iter:10000   //设置训练过程中的最大迭代次数
snapshot:5000
snapshot_prefix:"examples/mnist/lenet"
solver_mode:GPU   //设置通过 GPU 训练

3. deploy. prototxt 的写法

deploy. prototxt 是对预训练模型进行测试时使用的配置文件，配置文件的部分内容如图 9-11 所示，deploy. prototxt 文件和 train_test. prototext 文件很相似，两者的不同之处在于 deploy 文件中没有与训练数据及相关的层，但是有测试数据的参数设置。

另外，在 deploy 文件中，网络的最上层是输出层。input_dim 永远按顺序设置每次测试的图像张数、图像通道数、图像的高度和宽度等测试数据信息。deploy. prototxt 文件和 train_test. prototext 文件定义的网络结构相同，只是 deploy 文件在最上层加入了层类型为 Softmax 的层，用于进行分类。

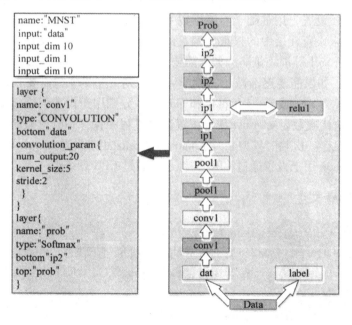

图 9-11   deploy. prototxt 配置文件内容

9.3.3　Caffe 的训练与测试

1. Caffe 训练图片的流程

（1）准备自己的图片数据

飞机：

人脸：

摩托车：

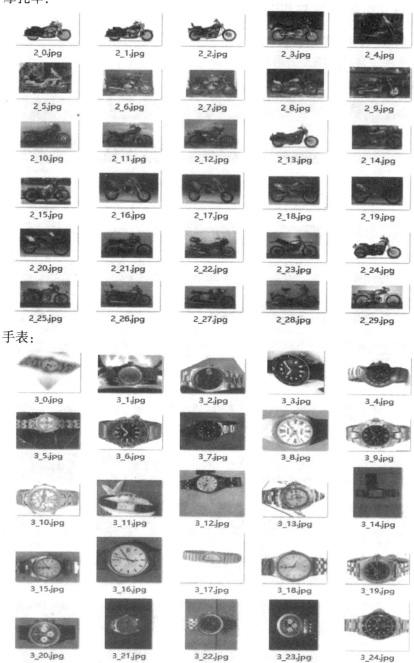

手表：

（2）图片重命名

为了清楚地分类，收集的图片需要按照各自的分类进行重命名（该过程也可以省略），飞机、人脸、摩托车和手表类别中的图片分别以 0、1、2 和 3 作为名称的第一个字母，代表着自己的分类。

```
import os
def renameImage(pathFile,label):
    startNum = 0
    for files in os.listdir(pathFile):
        oldDir = os.path.join(pathFile,files)
        if os.path.isdir(oldDir):
        continue
        filename = os.path.splitext(files)[0]
        filetype = os.path.splitext(files)[1]
        newDir = os.path.join(pathFile,str(label) + '_' + str(startNum) + filetype)
        os.rename(oldDir,newDir)
        startNum + = 1
    print(oldDir + '重命名为:' + newDir)
renameImage('D:\0704\Motorbikes',2)
```

renameImage 函数的第一个参数是需要重命名的文件所在的文件夹路径，第二个参数是图片分类。

（3）生成 label 文件

图片准备好之后开始制作 label 标签文件，格式是"xx.jpg 0"，用 Python 来实现。

```
import os
def maketxtList(imageFile,pathFile,label):
    fobj = open(pathFile,'a')
    for files in os.listdir(imageFile):
        fobj.write('\n' + files + ' ' + str(label))
        print(files + ' ' + str(label) + '写入成功! ')
    fobj.close()
maketxtList('D:\0704\Testwatch','D:\0704\testLabel.txt',3)
```

第一个参数是在第 3 步处理好的图片路径，第二个参数是生成的标签文件，第三个参数是标签，生成的标签如下。

```
0_84.jpg 0
0_85.jpg 0
0_86.jpg 0
```

0_87. jpg 0
0_88. jpg 0
0_89. jpg 0
0_90. jpg 0
0_91. jpg 0
0_92. jpg 0
0_93. jpg 0
0_94. jpg 0
0_95. jpg 0
0_96. jpg 0
0_97. jpg 0
0_98. jpg 0
0_99. jpg 0
1_0. jpg 1
1_1. jpg 1
1_10. jpg 1
1_100. jpg 1
1_101. jpg 1
1_102. jpg 1
1_103. jpg 1
1_104. jpg 1
1_105. jpg 1
1_106. jpg 1
1_107. jpg 1
1_108. jpg 1
1_109. jpg 1
1_11. jpg 1
1_110. jpg 1
1_111. jpg 1
1_112. jpg 1

测试数据集分别取飞机、人脸、摩托车、手表图片中的各 200、200、200、100 张图片，共 700 张，按同样的方法生成测试标签。

（4）转化成 lmdb 数据文件

新建一个 MakeLmdb. bat 脚本文件，使用 Caffe 中的 convert_imageset. exe 工具转化图片数据为 lmdb 数据文件。

D：\Software\Caffe\caffe－master\Build\x64\Release\convert_imageset. exe
D：\0704\testImage\D：\0704\testLabel. txt D：\0704\test_lmdb
pause

（5）执行结果

D：\0704 > D：\Software\Caffe\caffe－master\Build\x64\Release\convert_images-
et. exe
D：\0704\trainImage\D：\0704\trainLabel. txt D：\0704\train_lmdb
I0704 20：51：05. 406049 8352 convert_imagest. cpp：89］A total of 2272 images.
I0704 20：51：05. 429574 8352 db_lmdb. cpp：40］Opened lmdb D：\0704\train_lmdb
I0704 20：51：05. 868713 8352 convert_imagest. cpp：147］Processed 1000 files.
I0704 20：51：06. 148998 8352 convert_imagest. cpp：147］Processed 2000 files.
I0704 20：51：06. 278224 8352 convert_imagest. cpp：153］Processed 2272 files.
D：\0704 > pause
请按任意键继续

分别生成 train_lmdb 和 test_lmdb 文件，然后建立卷积神经网络和训练参数，卷积神经网络和训练参数文件使用 Caffe 中 mnist 例子中的 "lenet_train_test. prototxt" 和 "lenet_solver. prototxt" 两个文件执行训练，训练结果如下，其中 accuracy 为 0.9928。

I0704 22：56：02. 061470 17276 solver. cpp：337］Iteration 9700，Testing net(#0)
I0704 22：56：02. 139689 17276 solver. cpp：404］Test net output #0：accuracy
=0. 994286
I0704 22：56：02. 139689 17276 solver. cpp：404］Test net output #1：loss = 0. 041827
(* 1 =0. 041827 loss)
I0704 22：56：02. 144691 17276 solver. cpp：228］Iteration 9700，loss =0. 0104106
I0704 22：56：02. 144691 17276 solver. cpp：244］Train net output #0：loss =
0. 0104105(* 1 =0. 0104105 loss)
I0704 22：56：02. 144691 17276 sgd_solver. cpp：106］Iteration 9700，lr = 6. 01382e
−0. 05
I0704 22：56：03. 549428 17276 solver. cpp：337］Iteration 9800，Testing net(#0)
I0704 22：56：03. 623626 17276 solver. cpp：404］Test net output #0：accuracy
=0. 994286
I0704 22：56：03. 623626 17276 solver. cpp：404］Test net output #1：loss = 0. 0406477
(* 1 =0. 0406477loss)
I0704 22：56：03. 628639 17276 solver. cpp：228］Iteration 9800，loss =0. 0186603
I0704 22：56：03. 628639 17276 solver. cpp：244］Train net output #0：loss =
0. 0186602(* 1 =0. 0186602 loss)

```
I0704 22:56:03. 629642 17276 sgd_solver. cpp:106] Iteration 9800, lr = 5. 99102e
-0. 05
I0704 22:56:05. 036387 17276 solver. cpp:337] Iteration 9900, Testing net(#0)
I0704 22:56:05. 107575 17276 solver. cpp:404] Test net output #0: accuracy
=0. 992857
I0704 22:56:05. 107575 17276 solver. cpp:404] Test net output #1:loss =0. 0403946
(*1 =0. 0403946 loss)
I0704 22:56:05. 112586 17276 solver. cpp:228] Iteration 9900, loss =0. 0878705
I0704 22:56:05. 112586 17276 solver. cpp:244] Train net output #0: loss =
0. 0878704(*1 =0. 0878704 loss)
I0704 22:56:05. 113590 17276 sgd_solver. cpp:106] Iteration 9900, lr = 5. 96843e
-0. 05
I0704 22:56:06. 517324 17276 solver. cpp:454]Snapshotting to binary proto file D:/
0704/lenet_iter_10000. caffemodel
I0704 22:56:06. 626641 17276 sgd_solver. cpp:273] Snapshotting solver state to bi-
nary proto file D:/0704/lenet_iter_10000. solverstate
I0704 22:56:06. 667723 17276 solver. cpp:317] Iteration 10000, loss =0. 000962727
I0704 22:56:06. 668726 17276 solver. cpp:337] Iteration 10000, Testing net(#0)
I0704 22:56:06. 732897 17276 solver. cpp:404] Test net output #0: accuracy
=0. 992857
I0704 22:56:06. 732897 17276 solver. cpp:404]Test net output #1:loss =0. 0401867
(*1 =0. 0401867 loss)
I0704 22:56:06. 732897 17276 solver. cpp:322]Optimization Done.
I0704 22:56:06. 732897 17276 caffe. cpp:255]Optimization Done.
D:\0704 > pause
```

2. 使用 Caffe 进行测试

我们利用训练好的模型进行测试，可以执行以下代码：

执行测试

./build/tools/caffe test --model <测试用的 prototxt 模型> --weights <训练模型> --iterations 100

在第一个参数中指定 test 后，即可进入测试模式。然后 --model 把测试用的 <prototxt 模型> 设置为 examples/mnist/lenet_train_test. prototxt，同时 --weight 把 <训练模式> 设置为了 examples/mnist/lenet_iter_10000. caffemodel。

希望测量模型测试处理速度时，通过以下代码在第一个参数中指定 time，就可以测量 <测试用的 prototxt 模型> 中的预训练模型的处理速度，并且还能通过处理速度计算网络中各层的处理时间。希望通过 GPU 测定处理时间时，加上

– gpu 选项即可。

测量处理时间

caffe time – – model < 测试用的 prototxt 模型 > – – iterations 10

caffe time – – model < 测试用的 prototxt 模型 > – – iterations 10 – gpu 0

3. lmdb 的创建方法

要想通过 Caffe 训练网络，我们需要把数据集转换为 lmdb 格式。lmdb 是 Caffe 使用的一种输入数据格式，这就相当于我们把图片及其分类重新整合成一个数据库，我们要做的就是把这个整合好的数据库输送给 Caffe 训练。

lmdb 的创建方法

build/tools/convert_imageset < 图像存储路径 > < 列表文件 > < 转换后数据集的存储位置 > < shuffle 标签 > – – backend < 转换方法 > < 图像高度 > < 图像宽度 >

第一个参数用于设置训练样本的图像存储路径，第二个参数用于设置数据集的列表文件，第三个参数用于设置转换后数据集的存储位置，第四个参数用于设置是否随机打乱图像顺序，第五个参数用于设置转换方法（即数据存储格式），第六个和第七个参数分别用于设置样本图像的高度和宽度。其中第四个参数即 shuffle 标签为 0 时，样本图像按照列表文件中的顺序排列；标签为 1 时则打乱原有的顺序随机排列样本图像。测试模型时，可以省略 shuffle 标签或将其设置为 0，即创建 lmdb 时不打乱列表文件中的排列顺序。第五个参数中的转换方法可以设置为 lmdb 或 leveldb 格式。在 prototxt 文件中设置这些参数后就可以开始训练了。

4. 预训练模型的应用

Caffe 的优势之一是可以使用别人创建好的网络模型。Caffe 的 model zoo 里面有很多网络模型。此外，Caffe 目录下也有用于下载网络模型的脚本文件。执行以下代码即可下载网络模型。

下载网络模型

./scripts/download_model_binary. py < dirname >

./scripts/download_model_from_gist. sh < gist_id >

参数 < dirname > 设置的是网络模型所在的目录。执行上面第二行命令后，即可从 gist 下载网络模型。参数 < gist_id > 是网络模型在公开网站的 ID。

例如执行以下代码即可下载 AlexNet 模型。

下载 AlexNet 模型

./scripts/download_model_binary. py model/bvlc_alexnet

利用新的数据集重新开始训练一个预训练模型，即把预训练模型应用到新的数据集上，这称为微调。我们可以使用 Caffe 文件夹下事先存在的 Flickr Style 数据集微调网络模型。

这里先把 Flickr Style 数据集下载到 data/flickr_style 目录下，然后执行以下代码下载预训练模型，并创建 ImageNet 均值图像。

微调准备

```
python examples/finetune_flickr_style/assemble_data. py – workers = – 1 – images =
2000 – seed 831486


. /scripts/download_model – binary,py models/bvlc_reference_caffenet
sh data/ilsvrc12/get_ilsvrc_aux. sh
```

接下来，在 Flickr Style 数据集上微调前面下载的预训练模型。预训练模型是对 ImageNet 数据集进行训练得到的，输出结果为 1000 个类别，而 Flickr 数据集的输出结果为 20 个类别。所以，我们根据微调数据集输出的类别数修改了 prototxt 文件中最后一层 FC8 的设置。

执行微调

```
. /build/tools/caffe train – solver < 训练用的 prototxt >
– –weights < caffe 模型 > – –gpu 0
```

这样就把预训练模型应用到了新的数据集上。

5. mnist 实例

mnist 是一个手写数字库。针对 mnist 识别的专门模型是 Lenet，算是最早的卷积神经网络模型了。mnist 数据中的每个样本都是大小为 28 * 28 的黑白图片，它们总共可以分为 10 类，分别是手写的数字 0 ~ 9，且测试样本和训练样本分别有 10000 张和 60000 张。

我们首先需要在 Caffe 的根目录下下载 mnist. 数据。

```
# sudo sh data/mnist/get_mnist. sh
```

运行成功后，在 data/mnist/目录下有 4 个文件：

t10k-images-idx3-ubyte	2000/7/22 2:19	文件	7,657 KB
t10k-labels-idx1-ubyte	2000/7/22 2:20	文件	10 KB
train-images-idx3-ubyte	2000/7/22 2:20	文件	45,938 KB
train-labels-idx1-ubyte	2000/7/22 2:20	文件	59 KB

这些数据不能在 Caffe 中直接使用，需要转换成 LMDB 数据。

```
#sudo sh examples/mnist/create_mnist. sh
```

我们如果想运行 leveldb 数据，需要先运行 examples/siamese/文件夹下面的程序。我们还需要把 examples/mnist/文件夹转换为 lmdb，转换完成后，mnist_train_lmdb 和 mnist_test_lmdb 两个文件夹会出现在 examples/mnist/目录下。

mnist_test_lmdb	2018/4/22 14:12	文件夹
mnist_train_lmdb	2018/4/22 14:12	文件夹

这两个文件夹里面存放的是我们需要的运行数据，分别是 data. mdb 和 lock. mdb。

如果已经完全装好 GPU 就不需要再修改配置文件了，如果没有的话，则需要修改配置文件，即修改 solver 配置文件。

需要配置的文件有 lenet_solver. protobxt 和 train_ lenet. protobxt。

我们首先进行 lenet_solver. protobxt 的配置，先打开 lenet_solver. prototxt：

#sudo vi examples/mnist/lenet_solver. prototxt

在 max_iter 处设置最大迭代次数，并根据需要修改最后一行的 solver_mode 是否为 CPU。

保存后退出，就可以开始运行了。

sudo time sh examples/mnist/train_lenet. sh

运行后发现，这个例子在 CPU 上运行大约需要 13min，而在 GPU 上运行大约需要 4min，且在 GPU + cudn 上运行只需要大约 40s，以上 3 种运行的结果精度都约为 99%。

```
I0409 23:28:42. 135661 3088 data_layer. cpp:104] Transform time：3. 496ms.
I0409 23:28:42. 419415 2304 base_data_layer. cpp:115] Prefetch copied
I0409 23:28:42. 425431 3088 data_layer. cpp:102] Prefetch batch：5ms.
I0409 23:28:42. 425933 3088 data_layer. cpp:103] Read time：0. 487ms.
I0409 23:28:42. 426435 3088 data_layer. cpp:104] Transform time：3. 012ms.
I0409 23:28:42. 712194 2304 base_data_layer. cpp:115] Prefetch copied
I0409 23:28:42. 718742 3088 data_layer. cpp:102] Prefetch batch：6ms.
I0409 23:28:42. 719214 3088 data_layer. cpp:103] Read time：2. 045ms.
I0409 23:28:42. 719730 3088 data_layer. cpp:104] Transform time：2. 5ms.
I0409 23:28:43. 001494 2304 base_data_layer. cpp:115] Prefetch copied
I0409 23:28:43. 008992 3088 data_layer. cpp:102] Prefetch batch：7ms.
I0409 23:28:43. 009485 3088 data_layer. cpp:103] Read time：1. 012ms.
I0409 23:28:43. 009485 3088 data_layer. cpp:104] Transform time：3. 044ms.
I0409 23:28:43. 292238 2304 base_data_layer. cpp:115] Prefetch copied
I0409 23:28:43. 298256 3088 data_layer. cpp:102] Prefetch batch：5ms.
I0409 23:28:43. 298755 3088 data_layer. cpp:103] Read time：0ms.
I0409 23:28:43. 299273 3088 data_layer. cpp:104] Transform time：5ms.
I0409 23:28:43. 579530 2304 base_data_layer. cpp:115] Prefetch copied
I0409 23:28:43. 587523 3088 data_layer. cpp:102] Prefetch batch：7ms.
```

```
I0409 23:28:43. 588033 3088 data_layer. cpp:103] Read time:0. 509ms.
I0409 23:28:43. 589028 3088 data_layer. cpp:104] Transform time: 4. 003ms.
I0409 23:28:43. 870805 2304 base_data_layer. cpp:115] Prefetch copied
I0409 23:28:43. 879793 3088 data_layer. cpp:102] Prefetch batch:5ms.
I0409 23:28:43. 877300 3088 data_layer. cpp:103] Read time:0ms.
I0409 23:28:43. 877795 3088 data_layer. cpp:104] Transform time: 5. 01ms.
I0409 23:28:44. 154064 2304 base_data_layer. cpp:115] Prefetch copied
I0409 23:28:44. 160549 3088 data_layer. cpp:102] Prefetch batch:5ms.
I0409 23:28:44. 161049 3088 data_layer. cpp:103] Read time:0ms.
```

等待模型训练好后，开始准备要测试的图片，这里准备了 10 张图片并放在文件夹里。

然后生成均值文件。创建一个批处理文件用来调用计算均值的程序 computer_image_mean. exe。创建完成以后准备标签。新建一个 txt 文件，如下所示写入 0 ~ 9。

```
0
1
2
3
4
5
6
7
8
9
```

接下来写一个批处理文件调用刚刚训练好的模型，并对准备好的 0 ~ 9 图片进行测试，运行批处理文件，这里把数字 3 传入模型，得到如下结果。

```
Xamples\mnist\MNIST_data\0 - 9\3. bmp - - - - - - - - - - - - - - -
1. 0000 - "3"
0. 0000 - "4"
0. 0000 - "1"
0. 0000 - "0"
0. 0000 - "2"
```

第 10 章　手写数字识别实例

10.1　字符识别的意义

字符识别[62]技术最早诞生于美国，主要应用在银行系统中。其作为计算机视觉领域中一个非常重要的问题，有着重要的理论价值。随着神经网络的介入，字符识别在各行各业有着广泛的应用。比如在金融互联网行业中纸币冠字号的识别与追踪，物流行业中快递单号的准确扫描以及未来无人驾驶汽车环境感知中的路标识别等。

10.2　字符识别的设计与实现

10.2.1　实验简介

在这一章中，将介绍如何创建和训练一个手写数字识别的神经网络。在整个过程中，神经网络的结构会不断地发生变化，其最终训练出来的网络模型的准确率达到了99%，另外，还介绍了专业人员用来训练模型的高效工具。

本章所使用的数据集是 MNIST 数据集[63]，该数据集共有 60000 张训练图片，10000 张测试图片。每个样本都是一张手写数字的灰度图，其像素大小为 28×28。在本章中我们将解决以下几个问题。

1）神经网络的定义以及如何训练一个神经网络。

2）如何使用 TensorFlow 构建 1 层神经网络。

3）如何对建好的神经网络添加更多的网络层数。

4）训练技巧和窍门：过度拟合（Overfitting）、丢失信息（Dropout）、学习率衰退（Learning Rate Decay）等。

5）如何准确地定位到深层神经网络的故障。

6）如何搭建基本的卷积神经网络架构。

10.2.2　实验环境搭建

如果想使用本章教程，首先需要克隆这个存储库：

git clone https：//github. com/jiagnhaiyang/Handwritten – digit – recognition

接下来需要安装本实验所需要的实验环境。

Dependencies：

Ubuntu/Linux：

- ·sudo　– H apt – get install git
- ·sudo　– H apt – get install python3
- ·sudo　– H apt – get install python3 – matplotlib
- ·sudo　– H apt – get install python3 – pip
- ·sudo　– H pip3 install　– – upgrade tensorflow

Windows：

- ·Python3
- ·Anaconda3
- ·TensorFlow1. 11. 0

10.3　单层神经网络搭建

10.3.1　网络搭建过程

首先，在 mnist_1.0_softmax. py 文件中我们给出了一个非常简单的可以分类数字的模型 Softmax 分类。对于一张 28 × 28 像素的数字图像，共有 784 个像素（MNIST 的情况），将这 784 个像素作为单层神经网络的输入来进行图片的分类。在神经网络的计算过程中对于每个神经元的输入要进行加权求和，然后再添加一个偏置（bias）常数，在网络的最后通常会使用一个非线性激活函数（Softmax 是其中之一）来反馈结果。图 10-1 显示了一个具有 10 个输出神经元的单层神经网络（我们要将数字分类为 10 类，即 0 ~ 9）。

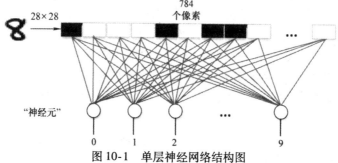

图 10-1　单层神经网络结构图

在图像的分类任务中，Softmax 是一个经常被用到的激活函数。它将多个神经元的输出映射到（0，1）区间内，可以看成概率来理解，从而来进行多分类。假设有一个数组 z，z_i 表示 z 中的第 i 个元素，那么这个元素的 Softmax 值就是：

$$y_i = \frac{e^{z_i}}{\sum_{i=1}^{n} e^{z_i}} \tag{10.1}$$

Softmax 的计算过程图如图 10-2 所示。

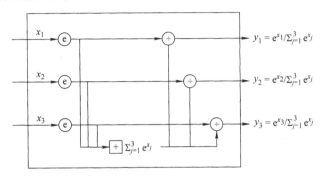

图 10-2　Softmax 的计算过程图

对于单层神经元的处理过程我们可以使用矩阵乘法即一个简单的公式来表示。直接用 100 张手写图片作为输入，如图 10-3 中的黑灰方块图所示，每行表示一张图片的 784 个像素值，100 张图片将会产生 100 个预测值，每个预测值为 10 个向量作为输出。

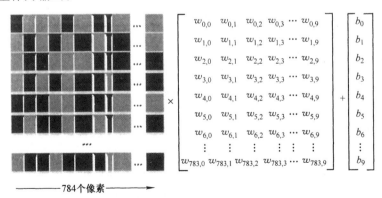

图 10-3　网络结构图

对第一张图像的所有像素进行加权求和时，需要使用加权矩阵 W 中的第一列进行加权。求和所得到的结果即为第一个神经元的输出值。对第二个神经元使

179

用第二列进行加权，直到第 10 个神经
元，这样就得到了一张图片的 10 个神
经元输出值。使用相同的方法，可以
操作接下来的 99 张图片。假设 X 为输
入图像矩阵，则在 100 个图像上计算
10 个神经元的所有加权和仅仅是 XW
（矩阵乘法）。

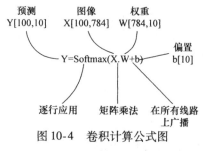

图 10-4　卷积计算公式图

每个神经元对输入的每个像素进行完加权求和后必须加上它对应的偏置常数
项，由于神经元的个数是 10 个，所以给出了 10 个常数作为其偏置项，图 10-4
所示为加权和的计算公式。

10.3.2　梯度下降

当神经网络对输入的图像产生出预测时，我们需要测量它们的好坏，即网络
预测值与真实值之间的差距。MNIST 数据集中的所有图像的数字都有正确数字
的标签，且其标签为"One - Hot"编码格式。这里我们使用"交叉熵"来作为
网络的损失函数。

$$\text{Crossentropy} = -\sum Y'_i \cdot \log(Y_i) \tag{10.2}$$

式中，Y'_i 为真实值；Y_i 为预测值。假设图像真实的手写数字为 6，即图片的真实
label 值 Y'_i 为 6，其"One - Hot"的编码为：

0	0	0	0	0	0	1	0	0	0

图片经过网络以及 Softmax 激活函数后得到的预测值为：

0.01	0.03	0.00	0.04	0.03	0.05	0.8	0.02	0.01	0.01

神经网络的训练过程实际上是用训练数据和其对应的标签调整权重和偏置，
以便最小化交叉熵损失函数。交叉熵损失函数包含权重、偏置、训练图像的像素
和其已知标签。为了得到给定图像、标签和当前权重与偏置的梯度，我们需要对
所有的权重和偏置计算交叉熵损失函数的偏导数。由于权重和偏置共有 7850 个，
所以在计算梯度时需要大量的工作。在这方面 TensorFlow 给我们带来了很大的帮
助。梯度的数学特性是它指向"上"，因为我们想去交叉熵低的地方，所以需要
往相反的方向去。我们将权重和偏置更新为梯度的一小部分，然后，在训练循环
中使用下一批训练图像和标签一次又一次地执行相同的操作。希望这可以收敛到
交叉熵最小的地方，尽管不能保证这个最小的唯一性。在图 10-5 中，交叉熵函
数有 2 个权重变量，在训练过程中使用梯度下降法，通过每次对数据的迭代从而
使模型收敛到适用于所有图像的局部最小值。

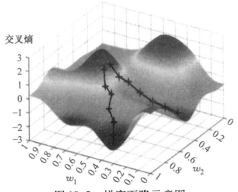

图 10-5　梯度下降示意图

神经网络的训练过程实际上就是通过图像数据和其对应的标签不断地对权重参数和偏置项进行调整的过程，从而使目标函数可以达到最小值。

```
X  = tf. placeholder( tf. float32, [None, 28, 28, 1])
# weights W[784, 10]    784 = 28 * 28
W  = tf. Variable( tf. zeros([784, 10]))
# biases b[10]
b  = tf. Variable( tf. zeros([10]))
```

在用 TensorFlow 训练神经网络的很多时候会遇到占位符，在大多数情况下这个占位符是用来表示训练图像的。持有训练图像的张量的形式是 [None, 28, 28, 1]，其中的参数代表：

1）28, 28, 1：图像是 28×28（像素）$\times 1$（灰度）。最后一个数字对于彩色图像是 3，但在这里并非是必须的。

2）None：代表图像在小批量（mini – batch）中的数量，在训练时可以得到。

```
Y  = tf. nn. softmax( tf. matmul( XX, W) + b)
# Y_为图片真实的 label 值
Y_  = tf. placeholder( tf. float32, [None, 10])
cross_entropy  =  – tf. reduce_sum( Y_ * tf. log( Y)) * 1000.0
#tf. argmax( Y,1)指的是找到 Y 向量中最大元素的下标
#tf. equal( )比较两个向量最大元素下标是否相等，相等返回 True，否则返回 False
# 形状定义中的 –1 表示"唯一可能保持元素数量的维度"
XX  = tf. reshape( X, [ –1, 784])
correct_prediction  = tf. equal( tf. argmax( Y, 1), tf. argmax( Y_, 1))
#correct_prediction 是一个布尔型数组
#tf. reduce_mean 用于计算 tensor 沿着指定数轴上的平均值
accuracy  = tf. reduce_mean( tf. cast( correct_prediction, tf. float32))
```

181

上面代码中的第一行是 1 层神经网络的模型公式,是图 10-4 中建立的公式的代码形式,通过 tf. reshape() 函数将大小为 28×28 的图像转换为 784 像素的单个向量。下面的 tf. reduce_mean 函数用于计算 tensor 沿着指定数轴上的平均值,最后两行计算正确识别的数字的百分比。

```
optimizer = tf. train. GradientDescentOptimizer(0.003)

train_step = optimizer. minimize(cross_entropy)
```

这里我们选择一个优化器并用它来最小化交叉熵损失,在这一步中,使用 TensorFlow 深度学习框架来计算损失函数中所有权重和所有偏置的偏导数。根据所求梯度的方向以学习率 0.003 的速度对权重参数和偏置参数进行更新。

当网络运行起来后,在这里可视化了这个动态过程,其训练完网络产生的结果如图 10-6 所示。

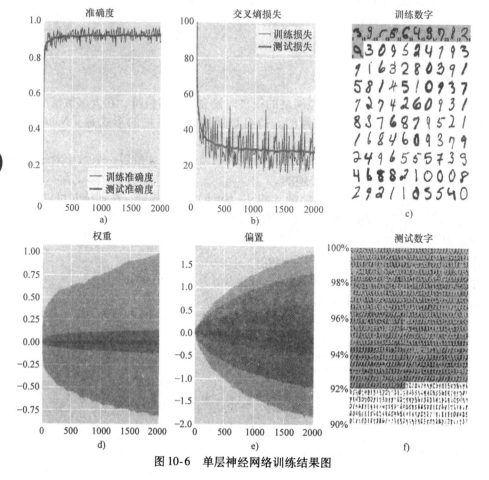

图 10-6 单层神经网络训练结果图

1）准确度（见图 10-6a）：是在训练和测试集上计算出来的，能够正确识别数字的百分比。

2）交叉熵损失（见图 10-6b）：为了训练模型，需要定义一个可优化的目标损失函数，通过不断地调整权重和偏置来使损失函数的值尽量得小。

3）训练数字（见图 10-6c）：训练数字每次送入神经网络中 100 张图片；在这张图中能够看到神经网络在训练过程中其对正确识别（背景为白色）还是错误识别（背景为灰色，计算正确的标示在左侧，计算错误的标示在右侧）进行的一个标记。MNIST 数据集中共有 50000 个训练图片，每次迭代时会将 100 张图片送入神经网络，因此系统迭代 500 次后才能对所有数字进行一次训练，我们称执行完这样的一个过程为一个 epoch。

4）权重（见图 10-6d）和偏置（见图 10-6e）：指的是随着神经网络训练的进行而不断更新的权重和偏置。从图 10-6e 中可以看出，偏置最终分布在 -1.5~1.5。当网络模型没能达到我们的预期时，通常会分析这些数据，从而找到出现问题的原因。

5）测试数字（见图 10-6f）：为了在真实条件下测试训练模型的性能，我们需要使用 MNIST 数据集中的 10000 张测试图片进行测试。从图 10-6 中我们可以看到每个数字有很多种书写形式，我们将没能正确识别到的数字放在了顶部（其背景色为灰色）。从图 10-6f 中可以看出，当网络为一层时，其准确度能达到 92%。

10.4　多层神经网络搭建

183

通过 1 层神经网络训练出来的模型对数字图像的识别准确度已经达到了92%。但这样的准确度并没有达到一个最好的识别效果，如果想要继续地提升模型的准确度，我们该如何去做呢？深度学习就是要深，需要更多的层。

为了提高网络模型对手写数字图像识别的准确度，我们需要对神经网络的结构进行修改，通过增加更多的层数来改变神经网络的结构。mnist_2.0_five _layrs _sigmoid. py 文件中有一

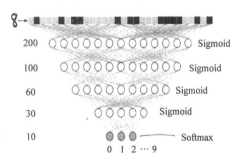

图 10-7　网络结构图

个 5 层全连接的神经网络，其网络结构图如图 10-7 所示。

10.4.1 Sigmoid 激活函数

在本节中我们对神经网络的层数进行了加深，同时我们还使用了不同的激活函数。在神经网络的最后一层我们同样还是使用 Softmax 函数作为激活函数，原因是 Softmax 激活函数在分类问题上有它独特的性能优势。在网络中间的卷积层后面，我们使用 Sigmoid 函数来作为激活函数，Sigmoid 激活函数图像如图 10-8 所示。

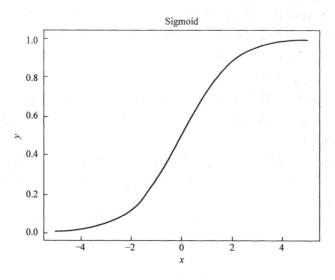

图 10-8　Sigmoid 激活函数图像

通过添加中间层神经元的个数以及 Sigmoid 激活函数的使用，现在神经网络的准确度提高到了 97%，其最终训练的结果如图 10-9 所示。

10.4.2　Relu 激活函数

当神经网络的层数较深时，使用 Sigmoid 激活函数会带来一些问题。它的作用是将神经网络的加权求和数据归一化到 [0，1] 区间上，而且当我们不断地重复去做的时候，就会出现神经元的输出为零以及梯度消失的现象。所以在 mnist_2.1_five_layers_relu_lrdecay.py 文件中我们采用 Relu 激活函数，其函数图像如图 10-10 所示。

将所有的 Sigmoid 用 Relu 替换，在训练神经网络时可以得到一个更快的初始收敛，同时也避免了因添加层数而带来的一些后续问题的产生。仅在代码中简单地用 tf.nn.relu 来替换 tf.nn.sigmoid 就可以了。最终训练结果如图 10-11 和图 10-12 所示。

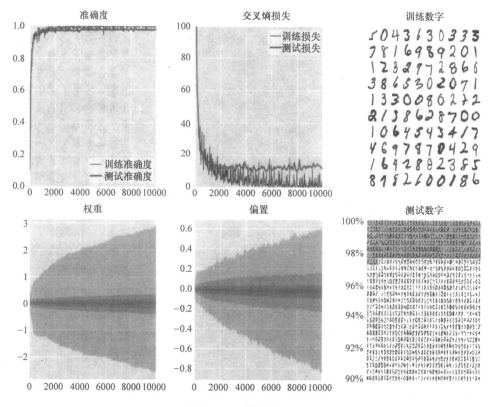

图 10-9　训练结果图

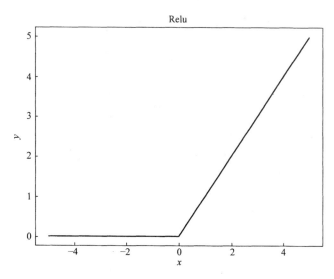

图 10-10　Relu 激活函数图像

185

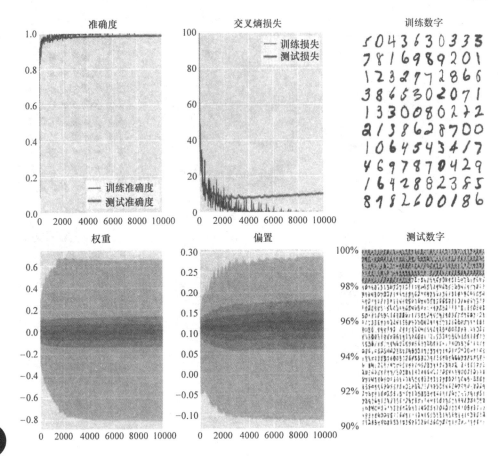

图 10-11　训练结果图

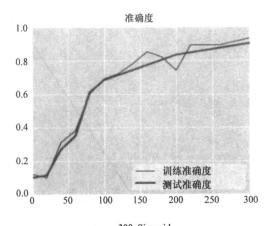

300–Sigmoid

图 10-12　Sigmoid 和 Relu 训练结果比较图

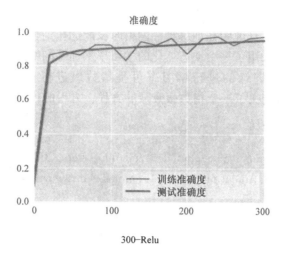

300-Relu

图 10-12　Sigmoid 和 Relu 训练结果比较图（续）

从图 10-12 中可以很明显地看出 Relu 的效果要好于 Sigmoid，其在迭代不到 100 次时准确度就已经超过了 0.8。将所有的 Sigmoid 用 Relu 替换会得到一个较好的网络模型。

10.4.3　衰减学习率

通过增加神经网络的层数和使用激活函数，当迭代次数超过 5000 次时，可以将准确度提升至 98%，如图 10-13 所示，但并不总是出现这样的结果。

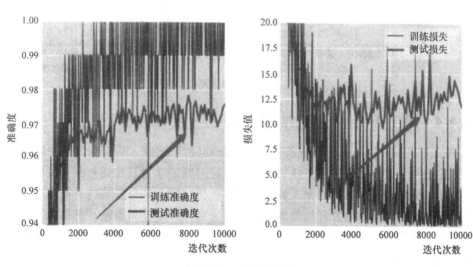

图 10-13　实验结果图

从图 10-13 中箭头所指的曲线我们可以看出这些曲线是很嘈杂的，它在全百分比范围上下波动。这说明在训练神经网络时没能选择到合适的学习率。为了解决这个问题，我们采用了一个动态变化的学习率来训练网络模型，开始时使用较大的学习率，随着训练的进行学习率可呈指数级进行衰减，比如说衰减至0.0001。这里我们定义了一个指数级衰减的方程，方程的代码实现如下所示。

```
step = tf.placeholder(tf.int32)
lr = 0.0001 + tf.train.exponential_decay(0.003, step, 2000, 1/math.e)
train_step = tf.train.AdamOptimizer(lr).minimize(cross_entropy)
```

另外，我们同样定义了一个占位符 placeholder，目的是让不同的学习率在每次迭代时传给 AdamOptimizer，并且在每次迭代时通过 step 赋给它一个新的参数。如图 10-14 所示，通过这个小小的改变你会发现我们训练出来的模型既降低了噪声，又提高了准确度，且其准确度持续稳定在 98% 以上。

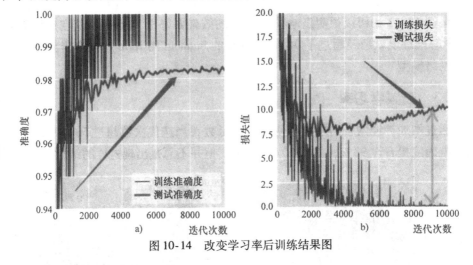

图 10-14　改变学习率后训练结果图

10.4.4　添加 dropout 解决过拟合现象

如图 10-14b 中所示，当训练迭代到约 3000 次的时候，训练损失曲线走势和测试损失曲线走势开始分离。我们都知道神经网络的学习算法通常只是工作在训练数据上并相应地对训练的交叉熵函数进行优化。随着训练的进行，测试损失曲线与训练损失曲线的走势开始分离，测试损失曲线开始不再下降，甚至还有回弹的可能。此时，神经网络再继续训练下去将毫无意义，不会对网络模型产生积极的影响。当出现这种现象时说明接下来神经网络的训练将不会对网络模型的改进提供任何的帮助。这种现象在训练神经网络时会经常碰到，被称为过拟合

（Overfitting）现象。为了防止这种现象的发生，通常在训练网络模型的时候会采用一种规范化（Regularization）技术，这种技术称为 dropout。

如图 10-15 所示，在使用 dropout 时，神经网络训练时的每一次迭代，可以人为地设置使其随机地放弃一些神经元。通常是使整个网络的 50% ~ 75% 的神经元保留下来，然后将剩下的不同的神经元以及权重在训练时的每次迭代中去掉，最后对训练好的网络模型进行性能测试的时候，需要将之前去掉的神经元全部找回来（pkeep = 1）。

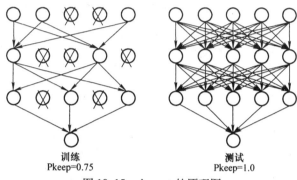

训练
Pkeep=0.75

测试
Pkeep=1.0

图 10-15　dropout 的原理图

在每一层神经网络的输出上使用一个 dropout 函数，这个函数可以将一些输出随机地进行清零，同时将剩下的输出提升 1/pkeep。如图 10-16 所示是没添加 dropout 函数和添加 dropout 函数后交叉熵损失的曲线变化对比图，从图 10-16 中我们明显会发现，添加 dropout 函数后交叉熵损失的测试损失有明显的下降，从而说明模型过拟合的程度有所减小。其程序存放在 mnist_2.2_five_layers_ relu _ lrdecay_dropout. py 文件中。

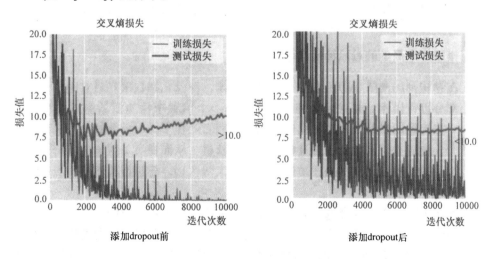

图 10-16　dropout 添加前后训练结果比较图

解决了过拟合问题后，准确度达到了98%，但是噪声又回来了。通过这种现象来看，使用神经网络算法对手写数字图像进行识别分类的准确度最高也只能达到98%，即使这样我们的损失曲线依然显示过拟合。那么什么是过拟合呢？其实过拟合通常是发生在神经网络训练模型学得不好的情况下，在这种情况下神经网络训练出来的模型对于训练样本的拟合效果做得很好，但对于真实场景，其网络模型的可泛化性并不是很好。

基本的过拟合发生在一个神经网络针对手头的问题有太多的自由度的时候。当一个神经网络的神经元个数特别多的时候，此时的神经网络会对所有的训练图像进行存储，同时会依靠特征匹配来对图像进行识别。这样就会导致训练出来的模型对没有参与训练的数据的识别效果变得很差。真正好的网络模型，应该具有较强的泛化能力，不仅要对参与训练的数据有好的识别效果，而且对于没有参与网络模型训练的数据也应该有好的识别效果，这样才能满足其在真实场景下的应用。

最后，当我们对实验的所有环节都操作完后，为了确保对自由度进行更好的约束，我们对不同大小的网络进行试验，同时通过数据增强的方法来扩充训练数据集的样本。即使这样，我们还是没能提高训练出来的网络模型的准确度，这说明我们做的工作并没有使网络提取到更多的数据特征。

对于使用图像方面，我们是将每张图像中的像素进行展平，形成一个向量，然后输入神经网络中的。其实这种做法并不科学，通过我们的算法将像素展平后，其实是将手写数字的形状信息丢掉了。为了能够提取到数字的形状信息，接下来我们换一种网络，那就是卷积神经网络。

10.5 卷积神经网络

搭建一个简单的卷积神经网络

在卷积神经网络层中，对于一个输入图像，神经元加权求和只对图像上的某一小部分进行操作。其求和后的数据再加上一个偏置项作为激活函数的输入数据。卷积神经网络与全连接神经网络相比不同之处在于其权重参数是共享的，这样就大大地减少了网络在训练过程中参数的数量，从而提高了网络在运行时的速度，这是卷积神经网络与全连接神经网络最大的区别。卷积神经网络的卷积过程如图 10-17 所示。

在图 10-17 中，通过选取不同的权重以及添加偏置项，我们可以得到与输入图片像素点个数相同的输出特征图。由图 10-17 可知，我们使用的卷积核的大小为 4×4，需要 $4 \times 4 \times 3 = 48$ 个权重参数，为了增加更多的自由度，我们还需要

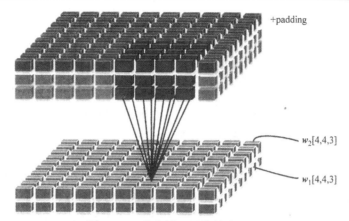

+padding

$w_2[4,4,3]$

$w_1[4,4,3]$

图 10-17 卷积神经网络的卷积过程

选取不同组的权重值重复实验。图 10-17 中我们采用 w_1，w_2 两组权重产生两个特征图。

在卷积的计算过程中，为了能将当前层特征图的输入个数和输出个数连接在一起，通常会向卷积核添加一个维度，通过这种方法使卷积层的权重张量有一个通用的实现。使用堆叠式和链式卷积层的主要原因是由于输入、输出通道的数量都是参数。

神经网络的最大作用就是提取输入数据的特征。在本实验中，我们使用 10 个神经元来分类 0 ~ 9 十种类型的手写数字。

其实有一种更简单的方法，就是让卷积核滑块在图像上进行移动时，每移动一步最好只划过一个像素，而不是移动一步划过两个或多个像素。这种方法是有效的，目前的卷积神经网络我们仅仅使用了卷积层。

在 mnist _ 3. 0 _ convolutional. py 文件中，我们使用卷积神经网络作为输入数据的特征提取网络，并搭建了一个识别手写数字的模型架构。通过 3 个卷积层对输入的图片数据进行特征提取，然后在网络的最后一层使用了一个含有 10 个神经元的全连接层作为输出，最后采用 Softmax 激活函数将 10 个神经元的输出值转化为每个类别的概率值，卷积神经网络结构图如图 10-18 所示。

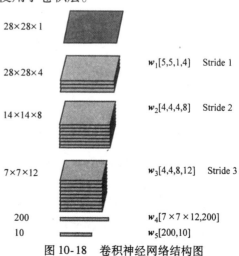

$28\times28\times1$

$28\times28\times4$ $w_1[5,5,1,4]$ Stride 1

$14\times14\times8$ $w_2[4,4,4,8]$ Stride 2

$7\times7\times12$ $w_3[4,4,8,12]$ Stride 3

200     $w_4[7\times7\times12,200]$

10     $w_5[200,10]$

图 10-18 卷积神经网络结构图

我们将上面网络结构中的权重参数，在 TensorFlow 深度学习框架下转化为如下代码。

```
W = tf.Variable(tf.truncated_normal([4, 4, 8, 12], stddev = 0.1))
B = tf.Variable(tf.ones([12])/10) # 2 is the number of output channels
```

tf.nn.conv2d 函数是 TensorFlow 中专门用于实现数据卷积的一个函数，该函数通过网络结构提供的权重在输入图片数据的两个方向上进行扫描。这样我们就能得到神经元的加权和部分，需要添加偏置单元并将加权和提供给激活函数。上面函数中的 8 代表的是当前网络层输入特征图的数量，12 代表的是当前网络层输出特征图的数量，它也是下一层网络的输入特征图的个数。

```
stride = 1 # output is still 28x28
Ycnv = tf.nn.conv2d(X, W, strides = [1, stride, stride, 1], padding = 'SAME')
Y = tf.nn.relu(Ycnv + B)
```

这里的 stride 是卷积核滑动窗口在图片上的滑动步长，通过查阅文档可以得到更详细的信息。通过添加 padding 项可以使图片的边缘数据得到更充分的提取。通过搭建这个小的卷积神经网络，我们得到的训练结果如图 10-19 所示。

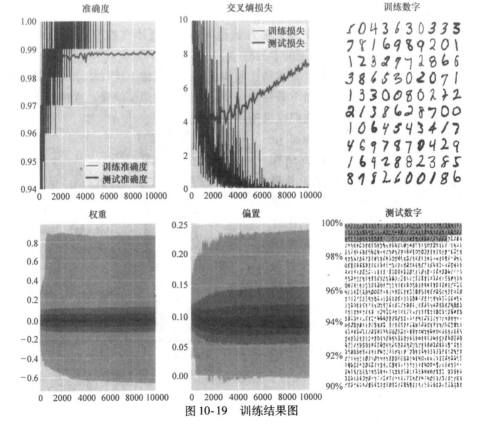

图 10-19　训练结果图

从图 10-19 中可以看到本次模型的准确度远远地超过了 98%，接近 99% 但并未达到 99%，从交叉熵损失图像来看，本次的模型仍然存在较大的过拟合现象。

针对以上模型存在的问题，接下来我们将对网络模型进行修改。首先，上面网络的第一层卷积层中仅仅使用了 4 个卷积核，并提取出了 4 个特征图，这对于识别我们的手写数字特征图的数量是远远不够的，因此我们需要在接下来的工作中增加每一层卷积后特征图的输出个数。在 mnist_3.1_ convolutional_bigger _ dropout. py 文件中，我们对卷积层特征图的输出数量进行了调整，从原来的 4，8，12 增加到 6，12，24，为防止过拟合现象的发生，我们在全连接层上添加 dropout。卷积神经网络结构图如图 10-20 所示。

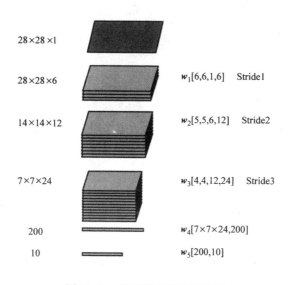

图 10-20　卷积神经网络结构图

通过给每一层卷积添加特征图的个数以及添加 dropout，最终训练出来的网络模型的结果图如图 10-21 所示。

在这一章中，通过手写数字识别实验会对神经网络和卷积神经网络有一个全面的了解，通过这一章的学习，可以使用其他数据集作为训练数据，搭建一个卷积神经网络，这些技术都是通用的，它并不仅限于 MNIST 数据集。通过观察网络模型的收敛过程来对网络进行调整，从而得到一个理想的网络模型。

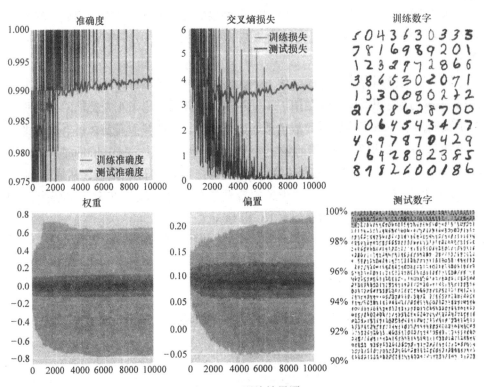

图 10-21　训练结果图

第 11 章　自动生成图像描述实例

11.1　自动生成图像描述的目标

自动生成图像描述可以被理解为根据输入图像的内容从而自动地生成[64]相应的描述性语句，通常而言这种描述性语句是文本，其本质是教会计算机对图像进行理解。对于人类而言，我们可以轻易地理解图像中的信息，但是对于计算机而言是非常困难的。

计算机理解图像信息为什么很难？

首先，计算机与人类识别的图像并不相同。对于计算机而言，其只能接受离散的数字信息，而人类接受的图像是连续的模拟图像；对于计算机而言，这些离散的数字本质上除了人小毫无意义，但是对人类而言每幅图像都有其特定的意义。所以对计算机而言，首先要解决通过像素之间的关系来判断图像中有哪些物体，然后再通过这些物体间的关系生成一段合理的描述。

其次，从计算能力上讲，人类远不如计算机，但是从智商的角度看问题，计算机缺乏智能，一切的所谓"智能"都只是计算机通过人为设计的算法来实现的，现在人类对大脑的理解还停留在初级阶段，还无法搞清楚大脑的运算原理，更别提设计"智能"了。

最后，从深度学习的角度来看，无论是卷积神经网络还是循环神经网络，它们通过对大量的数据集进行训练从而实现对物品的识别。对于人类而言，从一出生开始人的眼睛就在不断地捕获图片，送到大脑中进行训练，其训练数据量和训练时长都非常巨大。尽管如此，人们还是设计出了很多高效的算法来实现自动生成图像描述。

研究现状

自动生成图像描述领域的方法通常分为三大类，第一类是在检索的基础上所进行的方法，给予所需要检索的图像，系统在数据库中搜索视觉上相似的图像，从最近邻标注中检索并转换为最佳描述；第二类是基于模板的方法，按照给定模板生成符合预定义语法规则的描述；第三类是基于编码器－解码器模型的方法，打个比方说，这种方法将描述的图像视为源语言中的"句子"，并使用编码器－解码器模型将输入"翻译"变为目标句子，这是受到利用机器进行翻译操作的启发[65]。下面将分别介绍这三类自动生成图像描述方法的发展及技术现状。

（1）基于检索的自动生成图像描述方法

自动生成图像描述技术在早期最常用的方法是基于检索的方法，给定要查询的图像，基于检索的图像描述方法通过从预先指定的语句库中检索句子来为其生成标注，生成的标注可以是语句库中已经存在的句子，也可以是由检索到的语句按相应规则构成的新句子。

Farhadi 等人建立了一个新的语义空间来联系图像和句子，通过马尔可夫随机场将给定的待查询图像映射到语义空间，然后使用 Lin 提出的相似性度量确定该图像与每个现有句子之间的语义距离，根据最短语义距离方法选择生成描述。Ordonez 等人首先使用全局图像描述符从带标注的图像集合中检索一组图像，然后根据检索到的图像的语义内容将对应标注进行重新排序，将排名第一的标注采纳为要查询的图像的描述。Hodosh 等人也将图像描述生成任务转化为排序问题，采用典型相关分析技术将图像和文本映射到一个新的公共空间中，训练图像及其相应的描述语句使它们在该空间中具有最大相关性，在新的公共空间中，计算图像和句子之间的余弦相似度，并选择排名最高的句子作为待查询图像的描述。

上述方法都是直接使用检索到的句子作为图像描述，即假设对于给定的图像，语句库中总存在与其相匹配的句子，在实践中很难保证这一假设的正确性，因此，一些研究人员设计了使用检索到的句子来构成新的描述方案。Gupta 等人使用 CoreNLP 工具包处理数据集中图像的标注，以得出每个图像所对应的短语列表，然后基于全局图像特征执行图像检索，使用预测短语相关性的模型从与检索到的图像相关联的短语中进行选择，最后根据所选的相关短语生成描述性语句。Kuznetsova 等人提出了基于树状结构的 Treetalk，通过带标注的网状图像来构成图像描述，在执行图像检索和短语提取之后，将提取到的短语作为树的碎片，并将描述组成问题建模为约束优化问题，用整数线性规划进行编码，并使用 CPLEX 求解器进行求解。基于检索的方法在生成图像描述方面有一定的局限性，它将生成的图像描述约束在已经存在的语句范围中，尽管有时生成的句子在语法上是正确的并且流利的，但该方法不能有效地应用于新的目标和场景，有时甚至会生成与图像内容无关的描述。

（2）基于模板的自动生成图像描述方法

在基于模板的方法中，图像描述是通过语法和语义上的约束过程实现的，首先检测一组特定的视觉概念，然后将视觉概念与句子模板或特定的语言语法规则相联系，运用组合优化算法生成描述性句子。Mitchell 等人采用计算机视觉相关算法处理图像，从而得到目标、动作和空间关系三元组，并根据视觉识别的结果将图像描述公式转化为生成树的过程，为目标名词创建子树，这些子树进一步用于创建完整树，最后，使用三元组语言模型从生成的完整树中选择一个字符串作为相应图像的描述。Li 等人使用视觉模型检测图像以提取语义信息，采用 n - gram 序列实现短语选择，并通过动态编程进行短语融合以找到最佳的兼容短语集合来生成图像的描述。Yang 等人提出将图像中检测到的目标和场景的初始噪声估计作为输入，采用从英语语料库 Gigaword 中训练得到的语言模型来获取图像预测的估计值以及相关名词、场景和介词的概率，将这些估计值作为隐马尔可夫模型的参数，从而生成可读的描述性句子。Kulkarni 等人使用条件随机场来确定图像内容的描述，在该方法中，节点分别对应于目标、目标属性和目标之间的空间关系，节点的一元势函数通过训练视觉模型获得，二元势函数通过现有描述集合的数据统计方式获得，通过条件随机场的序列推断可以得出基于句子模板的图像描述。

上述方法使用视觉模型以分段方式预测单个单词，然后将预测的单词联系在一起生成描述性句子。由于短语是单词的组合，短语携带的信息量大于单个单词，因此，基于短语生成的句子比基于单词生成的句子具有更强的描述性。Ushiku等人提出了模型与相似度的公共子空间来直接学习用于图像描述生成的短语分类器，作者从训练集的图像描述中提取连续的单词作为短语，将图像特征和对应的短语特征映射到公共子空间中，在该子空间中将基于相似度和基于模型的分类 集成在一起为每个短语分类，在测试阶段，通过使用多栈波束搜索获得所需短语以生成图像描述。

与基于检索的图像描述生成方法相比，基于模板的方法生成的描述与图像内容相关性更高。但是，由于受到视觉识别模型的限制，基于模板的方法生成的描述覆盖范围较差，难以正确地描述复杂场景的图像。此外，与人类描述相比，使用严格的模板结构生成的描述句子语义流畅性差。

（3）基于编码器 - 解码器的自动生成图像描述方法

编码器 - 解码器模型最初用于机器翻译，编码器的输入为源语言，解码器的输出为翻译后的目标语言。

基于编码器 - 解码器框架的自动生成图像描述方法之所以能够被运用是因为受到了机器翻译在深度学习方面最新进展的启示。在该框架中，可将输入的源语言视为图像，而输出的目标语言是对应的描述性句子。Kiros 等人将编码器 - 解码器框架引入图像描述生成领域，提出了联合的图像 - 文本嵌入模型和多模态神经语言模型，他们使用深度卷积神经网络编码视觉数据，使用循环神经网络编码文本数据，然后通过优化排序损失函数，将编码的视觉数据映射到循环神经网络隐藏状态所属的嵌入空间，在嵌入空间中通过神经语言模型对视觉特征进行解码，从而可以逐词生成句子。同样受到机器翻译领域的启发，Vinya 等人提出了名为神经图像标注（NIC）的图像描述生成模型，他们用深层卷积神经网络代替了机器翻译模型中的编码器循环神经网络，并以图像作为输入。他们在第一届 MSCOCO 竞赛中通过微调图像模型和降低波束大小改进了原始的 NIC 模型，从而在不同指标上实现了整体性提升。Donahue 等人提出的模型同样采用深度卷积神经网络进行编码，并采用长短期记忆网络进行解码，以生成输入图像的文字描述。与 Vinyals 等人所用方法的不同之处在于，Donahue 的模型不是只在初始阶段将图像特征输入系统中，而是在每个时间步均向序列模型提供图像特征和上下文词特征。Karpathy 等人提出了将视觉和语言模态相结合的多模态嵌入模型，并用于生成图像描述。斯坦福大学团队创建了一个类似于 NIC 的图像语义描述系统 Neuraltalk，它使用其他模型将图像区域映射到句子段。Xu 等人将人类视觉系统的注意力机制引入图像描述生成算法中，与 NIC 不同，基于深度学习的网络模型使用卷积神经网络最后一个卷积层的特征映射作为图像特征，在解码阶段，注意力机制帮助模型动态地选择所需注意的特定区域的特征。

最近提出的一些神经网络的优化算法同样可以用于图像描述生成领域。多线程学习控制机制可以最大程度地减少卷积神经网络的训练时间。Cao 等人提出的 bag–LSTM 可以通过反向传播获得更多与文本相关的图像特征。Yan 等人提出了等级注意力机制，可以通过使用全局卷积神经网络特征和局部目标特征来改善生成结果。

11.2 自动生成图像描述的设计

198

自动生成图像描述是一个跨领域的交叉任务，它既需要计算机视觉的方法来理解图像的内容，又需要自然语言处理领域的语言模型才能将对图像的理解正确地转换为描述性句子，任务的数据集由图像和它们所对应的输出标注组成。深度学习的方法已经在自动生成图像描述任务方面取得了诸多成果，参照机器翻译中广泛使用的编码器–解码器模型，自动生成图像描述任务也可用类似的端到端的编码器–解码器模型来实现。编码器部分将机器翻译中常用的循环神经网络替换为卷积神经网络，将图像输入卷积神经网络以提取特征，卷积神经网络的最后一个隐藏状态连接到解码器部分。作为解码器的是循环神经网络，它可以进行直至单词级别的语言建模，循环神经网络的第一个时间步从编码器中接收编码输出，该编码输出也称为 <START> 向量。

我们遵照 NIC 模型的编码器–解码器结构来构造图像标注模型框架，如图 11-1 所示，将可变长度的输入编码为固定维度的向量，再将其解码为所需要的输出语句。即我们的自动生成图像描述模型的实现分为两个阶段：

1）特征提取阶段：提取图像中包含的各等级特征并以特征向量的形式表示。

2）句子生成阶段：该阶段将特征向量作为输入，单词序列将通过模型一个接一个地生成并组合成对图像有意义的描述。在设定模型的训练目标过程中，给定图像和对应的描述，编码器–解码器模型直接最大化目标函数：

$$\theta^* = \arg\max_\theta \log p(S|I;\theta) \tag{11.1}$$

式中，θ 是模型的参数；I 表示图像；S 是该图像所对应的正确描述。S 的长度不受限制，因此，根据链式规则，联合概率分布的对数似然可分解为有序条件概率：

$$\log p(S|I) = \sum_{t=0}^{N} \log p(S_t|S_0,\cdots,S_{t-1},I) \tag{11.2}$$

在使用循环神经网络的编码器–解码器框架中，每一项条件概率可以建模为

$$\log p(S_t|S_0,\cdots,S_{t-1},I) = f(h_t,c_t) \tag{11.3}$$

式中，f 是输出 y_t 的概率的非线性函数；c_t 是在时刻 t 从图像 I 中提取的视觉上下文向量；h_t 是循环神经网络在时刻 t 的隐藏状态。由于长短期记忆网络在许多序列建模任务上取得了更好的效果，因此我们用 LSTM 代替普通的循环神经网络，则隐藏状态 h_t 可以表示为

$$h_t = \text{LSTM}(x_t,h_{t-1},m_{t-1}) \tag{11.4}$$

式中，x_t 是输入向量；m_{t-1} 是在 $t-1$ 时刻的记忆单元向量。

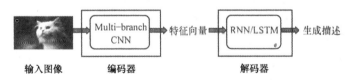

图 11-1 编码器–解码器框架的自动生成图像描述模型

199

特征模型提取

卷积神经网络是能够学习非线性特征的非线性模型，用深度卷积神经网络提取图像特征已广泛应用在计算机视觉领域的多个任务，在我们采用的自动生成图像描述的编码器–解码器框架中，我们用多支路卷积神经网络将图片嵌入为固定长度的向量。

在执行特征提取时，我们将预训练的深度卷积神经网络视为任意特征提取器，从而使输入图像向前传播，停在预先指定的层，并将该层的输出作为我们需要的特征。

卷积神经网络与常规神经网络的体系结构不同。常规神经网络中的每一层都与上一层中的所有神经元完全连接，最后一个完全连接层为输出层，显示出预测功能。常规神经网络通过将输入置于一系列隐含层中来进行输入转换。然而，卷积神经网络中的层由宽度、高度和深度三个维度组成，每一层中的神经元仅连接

到下一层的特定区域，而不是与所有神经元连接。卷积神经网络的最终输出将转换成一个与深度维度有关的概率分数向量。

在用卷积神经网络对图像进行特征提取时，网络将执行一系列卷积和池化操作来检测和识别其特征。特征提取是卷积神经网络体系结构的一部分，输入是指要分类的图像，输出是一组特征，特征可视为图像的属性。例如斑马的图像可能具有条纹、两只耳朵和四条腿等特征。手写数字可能具有水平和垂直直线或圆环和曲线等特征。

若将卷积神经网络视为端到端的图像分类器，则在执行图像分类的过程中，先将图像输入网络，图像在网络中前向传播，在网络的末端可以获得最终的分类概率。

在上述操作过程中，我们可以预先指定在任意层（如激活层或池化层）停止传播，然后将从指定的层中提取的值作为特征向量。在将卷积神经网络作为特征提取器时，实质上是在预先指定的层"切断"网络，如图 11-2 所示为切断全连接层的示意图。

我们基于 ResNet152 网络进行多支路扩展，采用在卷积模块堆叠相同结构 unit，获得如图 11-3 所示的扩展后的卷积神经网络结构。我们在使用卷积神经网络提取图像特征的过程中，使用滤波器（卷积核）对输入图像进行卷积，经过卷积操作后输出矩阵中的值仅取决于原始图像矩阵中的对应区域的值，即卷积神经网络中的输出值或神经元所对应

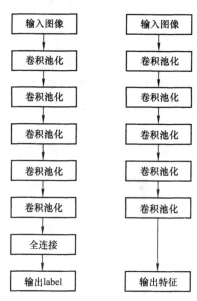

图 11-2　切断全连接层示意图

的感受野，输出矩阵中的每个神经元都有重叠的感受野。对于具有多个通道的图像（如 RGB 通道），卷积核的深度与输入图像的深度相同，叠加每个通道的矩阵相乘结果并加上偏置，以得到压缩的单深度通道的卷积特征输出。在用卷积操作进行图像特征提取的过程中，第一个卷积层负责捕获低级特征，如边缘、颜色、渐变方向等。通过层数的增加，深度卷积神经网络可以捕获高级别的图像特征，可以像人类一样更全面地理解数据集中的图像。

在将滤波器滑过原始图像获得相应特征后，我们将获得的输出通过另一个激活函数传递，多支路卷积神经网络模型采用的激活函数是线性整流单元 ReLu，它将所有的负值直接转换为 0 并保持正值不变，引入了稀疏激活性，以提升挖掘

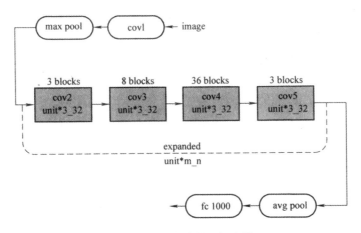

图 11-3　多支路特征提取器

相关特征的效率，更好地拟合训练数据。

　　我们采用的卷积神经网络架构通过多个支路的滤波器对单张图像进行卷积操作可以得到多个特征映射，通过堆叠相同的拓扑结构的模块避免了计算复杂度的增加。同时在网络结构中保留 shortcut 连接，最大程度地保留了图像信息。一旦获得了特征映射，在卷积层之后，通常在卷积神经网络中添加池化层或子采样层。

　　在本模型中，为了获得处理数据所需的计算能力，我们利用池化层来达到降维的效果，即减小卷积特征空间大小。此外，池化操作对于提取在图像中旋转的特征和位置不变的显性特征有很好的效果。神经网络架构采用的最大池化操作可以起到噪声抑制的作用，它可以有效地丢弃噪声激活，同时实现降维和降噪，有利于缩短训练时间并抑制过拟合。

　　添加全连接层是学习卷积层输出的高级别特征的非线性组合最方便的方法。我们将卷积神经网络全连接层的前一层输出作为提取的图像特征，映射在该层的权重用以计算特征，并嵌入为固定长度的列向量，作为解码器语言模型部分的输入。

11.3　语言生成模型

　　在句子语言模型中，LSTM 预测句子中的下一个单词。同样地，在字符语言模型中，LSTM 根据先前字符的上下文信息预测下一个字符。我们在自动生成图像描述模型中创建了图像的嵌入（Embedding），然后将该嵌入作为初始状态输入 LSTM，成为语言模型的第一个"先前状态"，从而影响下一个被预测的单词。

在每个时间步，LSTM都会根据先前的单元状态输出该序列中最有可能的即概率最大的下一个值的预测。

式（11.3）中函数f的选取取决于函数模型处理梯度消失和梯度爆炸的能力，这是用循环神经网络处理时间序列最大的挑战。我们使用成功应用于序列生成和机器翻译领域的特殊的循环神经网络LSTM。LSTM的核心是存储单元c，它在每个时间步对输入进行编码。存储单元由具有乘法作用的"门"控制，若门信号为1，则保留该层的值；若门信号为0，则置该层的值为0。遗忘门f决定保留或丢弃当前单元值，输入门i决定是否读取输入，输出门o控制是否输出新的单元值。

编码器部分的任务是训练语言模型，即根据图像和所有先前的单词预测组成句子的每个单词。如图11-4所示，在编码器模型的展开形式中，图像和每一个单词都连接具有相同参数的LSTM记忆单元，并且LSTM在$t-1$时刻的输出m_{t-1}被馈送到时刻t的LSTM。在展开结构中，所有的循环连接都被转换为前馈连接，若$S=(S_0,\cdots,S_N)$表示图像I的一个正确描述性句子，则编码器的展开形式可解读为

$$x-1 = CNN(I) \tag{11.5}$$
$$x_t = W_0 S_t, t \in \{0,\cdots,N-1\} \tag{11.6}$$
$$p_{t+1} = LSTM(x_t), t \in \{0,\cdots,N-1\} \tag{11.7}$$

式中，S_0表示特殊的开始单词；S_N表示特殊的结束单词。分别标志着生成描述句子的开始和结束，LSTM通过结束单词给出一个完整的句子。在编码器－解码器模型的训练过程中，单词通过词向量W_0映射到图像，然后再通过视觉卷积神经网络映射到同一空间。研究表明，在循环神经网络的每一个时间步都输入图像会引起对模型的噪声干扰和过拟合，因此，我们采用的方法是图像I仅在$t=-1$时刻输入一次，以将图像内容传输给LSTM。

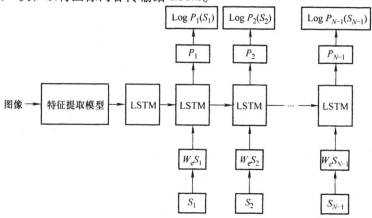

图11-4　基于LSTM的语言模型

损失函数为每个时刻正确单词的负对数似然之和，损失函数在训练过程中实现最小化：

$$L(I,S) = \sum_{t=1}^{N} \log p_t(S_t) \qquad (11.8)$$

生成描述可以看作图形搜索问题，即节点是单词，边缘是从一个节点移动到另一个节点的概率，目标任务为寻找最大化句子总体概率的最佳路径。采样并选择概率最大的下一个值是生成描述的一种贪婪算法，它的计算效率很高，但可能会导致次优结果。给定所有可能的单词，计算所有可能的语句并确定最佳描述语句的方法在计算效率上非常低，这就排除了使用诸如深度优先搜索或宽度优先搜索算法来寻找最佳路径的可能性。光束搜索是一种广度优先的搜索算法，可以搜索最有希望的节点。在它所生成的所有可能路径中，每次迭代只保留 N 个最佳候选。由于要扩展的节点数量是固定的，因此，本模型采用光束搜索的算法，该方法更能节省空间，并且与最佳优先搜索算法相比具有更多的潜在候选对象。

11.4　自动生成图像描述的实现

（1）数据集与预处理

ImageNet 是一个旨在为研究目的提供大型图像数据库的项目，它包含超过 1400 万张图像，这些图像属于 20000 多个类，并且该数据集还为约 100 万张图片提供边界框标注。其中，我们采用的 ImageNet - 1k 基准数据集在图像分类等计算机视觉相关任务上发挥着重要作用。

对我们采用的自动生成图像描述编码器 - 解码器模型，为了加快训练过程中模型的收敛，并减少过拟合，需要对编码器部分即多支路卷积神经网络进行预训练，预训练在大规模数据集 ImageNet 上进行。

我们的自动生成图像描述编码器 - 解码器模型的实验基于 Flickr8k、Flickr30k 和 MSCOCO 这 3 个包含图像与英文标注的数据集，它们也是图像标注任务最常用的基准数据集。

Flickr8k 包含从 Flickr 网站获取的 8000 张图像，该数据集中的图像主要包含人和动物，每张图像都有 5 个人工标注。对于 Flickr8k 数据集，我们的实验将 1000 张图片用于验证，1000 张图片用于测试，其余图像都用于训练。

Flickr30k 是从 Flickr8k 扩展得到的数据集，包含 31783 张带标注的图像，该数据集中的图像主要涉及日常活动和事件中的人类。Flickr30k 数据集也分别使用 1000 张图像用于训练和测试，其余图片均用于训练。

MSCOCO 数据集是通过收集自然环境中具有共同对象的复杂日常场景的图像而创建的，为与其他研究保持一致，我们采用 MSCOCO2014 版本数据集，MSCOCO2014 数据集包含训练集图像 82783 张，验证集图像 40504 张和测试集图像 40775 张，训练集和验证集的每个图像都对应 5 ~ 7 个人工标注句子，人工标注句子的平均长度为 10.36 个单词。由于 MSCOCO 数据集的测试集无人工标注，因此我们仅使用其训练集和验证集，训练集中的所有图片都用于训练自动生成图像描述算法模型，从验证集中分别取 5000 张图片用于验证和测试。

表 11-1 所示为我们实验中的自动生成图像标注评估数据集。

表 11-1　图像标注评估数据集

数据集	图片数量		
	训练集	验证集	测试集
Flickr8k	6000	1000	1000
Flickr30k	29783	1000	1000
MSCOCO	82783	5000	5000

为进一步提高语言生成模型的准确性，我们对数据集中的图像标注进行预处理，将所有句子中的大写字母都转换为小写字母，将符号 "&" 替换为单词 and，将其他特殊符号与标点替换为空格。同时，删去数据集中句子长度超过 20 个单词的标注。经过数据预处理后，我们所采用的 Flickr8k、Flickr30k 和 MSCO-CO 数据集标注分别包含 2538、7414 和 8791 个单词。

（2）完整代码，部分参考自网络

本实验所使用的实验环境全部总结在表 11-2 中。

表 11-2　实验环境说明

实验环境	环境配置及版本号
服务器	Lenovo P920
CPU	Intel xeon 金牌 5118
GPU	2 * NVIDIA RTX 2080Ti
内存	64G
操作系统	Ubuntu16.04
深度学习框架	Pytorch 1.2
开发环境	Python 3.6
	Anaconda 5.3.1
	Cuda 9.2
	Cudnn 7.6

文件 "build_vocab.py"：

#由于输入计算机中的都是数字，所以这里构建词典的主要目的是为了将词

与数字构建成一个词典，方便计算机的输入和输出。

```python
import nltk
import pickle
import argparse
from collections import Counter
from pycocotools. coco import COCO
class Vocabulary(object):
    """Simple vocabulary wrapper."""
    def __init__(self):
        self. word2idx = {}
        self. idx2word = {}
        self. idx = 0

    def add_word(self, word):
        if not word in self. word2idx:
            self. word2idx[word] = self. idx
            self. idx2word[self. idx] = word
            self. idx += 1
    def __call__(self, word):
        if not word in self. word2idx:
            return self. word2idx['<unk>']
        return self. word2idx[word]

    def __len__(self):
        return len(self. word2idx)
def build_vocab(json, threshold):
    """Build a simple vocabulary wrapper."""
    coco = COCO(json)
    counter = Counter()
    ids = coco. anns. keys()
    for i, id in enumerate(ids):
        caption = str(coco. anns[id]['caption'])
        tokens = nltk. tokenize. word_tokenize(caption. lower())
        counter. update(tokens)
```

205

```
            if (i + 1) % 1000 = = 0:
                print("[{}/{}] Tokenized the captions.".format(i + 1, len(ids)))
    # If the word frequency is less than 'threshold', then the word is discarded.
    words = [word for word, cnt in counter.items() if cnt > = threshold]
    # Create a vocab wrapper and add some special tokens.
    vocab = Vocabulary()
    vocab.add_word('<pad>')
    vocab.add_word('<start>')
    vocab.add_word('<end>')
    vocab.add_word('<unk>')
    # Add the words to the vocabulary
    for i, word in enumerate(words):
        vocab.add_word(word)
    return vocab
def main(args):
    vocab = build_vocab(json = args.caption_path, threshold = args.threshold)
    vocab_path = args.vocab_path
    with open(vocab_path, 'wb') as f:
        pickle.dump(vocab, f)
    print("Total vocabulary size: {}".format(len(vocab)))
    print("Saved the vocabulary wrapper to '{}'".format(vocab_path))

if __name__ = = '__main__':
    parser = argparse.ArgumentParser()
    parser.add_argument('- - caption_path', type = str,
                                default = 'data/annotations/captions_train2014.
                                json',
                                help = 'path for train annotation file')
    parser.add_argument('- - vocab_path', type = str, default = './data/vocab.
pkl',
                                help = 'path for saving vocabulary wrapper')
    parser.add_argument('- - threshold', type = int, default = 4,
                                help = 'minimum word count threshold')
    args = parser.parse_args()
    main(args)
```

文件 "download. sh":

```
mkdir data
wget
http://msvocds. blob. core. windows. net/annotations - 1 - 0 - 3/captions_train -
val2014. zip  - P . /data/
wget http://images. cocodataset. org/zips/train2014. zip  - P . /data/
wget http://images. cocodataset. org/zips/val2014. zip  - P . /data/

unzip . /data/captions_train - val2014. zip  - d . /data/
unzip . /data/captions_train - val2014. zip  - d . /data/
rm . /data/captions_train - val2014. zip
rm . /data/train2014. zip
unzip . /data/val2014. zip  - d . /data/
rm . /data/val2014. zip
```

文件 "data_ loader. py":

```
import torch
import torchvision. transforms as transforms
import torch. utils. data as data
import os
import pickle
import numpy as np
import nltk
from PIL import Image
from build_vocab import Vocabulary
from pycocotools. coco import COCO


class CocoDataset(data. Dataset):
    """COCO Custom Dataset compatible with torch. utils. data. DataLoader."""
    def __init__(self, root, json, vocab, transform = None):
        """Set the path for images, captions and vocabulary wrapper.


        Args:
            root: image directory.
```

```
        json: coco annotation file path.
        vocab: vocabulary wrapper.
        transform: image transformer.
    """
    self. root = root
    self. coco = COCO(json)
    self. ids = list(self. coco. anns. keys())
    self. ids = list(self. coco. anns. keys())
    self. vocab = vocab
    self. transform = transform


def __getitem__(self, index):
    """Returns one data pair (image and caption)."""
    coco = self. coco
    vocab = self. vocab
    ann_id = self. ids[index]
    caption = coco. anns[ann_id]['caption']
    img_id = coco. anns[ann_id]['image_id']
    path = coco. loadImgs(img_id)[0]['file_name']

    image = Image. open(os. path. join(self. root, path)). convert('RGB')
    if self. transform is not None:
        image = self. transform(image)

    # Convert caption (string) to word ids.
    tokens = nltk. tokenize. word_tokenize(str(caption). lower())
    caption = []
    caption. append(vocab('<start>'))
    caption. extend([vocab(token) for token in tokens])
    caption. append(vocab('<end>'))
    target = torch. Tensor(caption)
    return image, target


def __len__(self):
    return len(self. ids)
```

```
def collate_fn(data):
    """Creates mini-batch tensors from the list of tuples(image, caption).

    We should build custom collate_fn rather than using default collate_fn,
    because merging caption(including padding) is not supported in default.
    Args:
        data: list of tuple(image, caption).
            - image: torch tensor of shape(3, 256, 256).
            - caption: torch tensor of shape(?); variable length.

    Returns:
        images: torch tensor of shape(batch_size, 3, 256, 256).
        targets: torch tensor of shape(batch_size, padded_length).
        lengths: list; valid length for each padded caption.
    """
    # Sort a data list by caption length(descending order).
    data.sort(key = lambda x: len(x[1]), reverse = True)
    images, captions = zip(*data)

    # Merge images(from tuple of 3D tensor to 4D tensor).
    images = torch.stack(images, 0)

    # Merge captions(from tuple of 1D tensor to 2D tensor).
    lengths = [len(cap) for cap in captions]
    targets = torch.zeros(len(captions), max(lengths)).long()
    for i, cap in enumerate(captions):
        end = lengths[i]
        targets[i, :end] = cap[:end]
    return images, targets, lengths[66]

def get_loader(root, json, vocab, transform, batch_size, shuffle, num_work-
ers):
    """Returns torch.utils.data.DataLoader for custom coco dataset."""
    # COCO caption dataset
    coco = CocoDataset(root = root,
```

```
                    json = json,
                    vocab = vocab,
                    transform = transform)
    # Data loader for COCO dataset
    coco = CocoDataset(root = root,
                    json = json,
                    vocab = vocab,
                    transform = transform)

    # Data loader for COCO dataset
    # This will return (images, captions, lengths) for each iteration.
    # images: a tensor of shape (batch_size, 3, 224, 224).
    # captions: a tensor of shape (batch_size, padded_length).
    # lengths: a list indicating valid length for each caption. length is (batch_
size).
    data_loader = torch.utils.data.DataLoader(dataset = coco,
    batch_size = batch_size, shuffle = shuffle,
    num_workers = num_workers, collate_fn = collate_fn)
        return data_loader
```

文件 "model. py":

```
import torch
import torch.nn as nn
import torchvision.models as models
from torch.nn.utils.rnn import pack_padded_sequence

class EncoderCNN(nn.Module):
    def __init__(self, embed_size):
        """Load the pretrained ResNet - 152 and replace top fc layer."""
        super(EncoderCNN, self).__init__()
        resnet = models.resnet152(pretrained = True)
        modules = list(resnet.children())[:-1] # delete the last fc layer.
        self.resnet = nn.Sequential(*modules)
        self.linear = nn.Linear(resnet.fc.in_features, embed_size)
        self.bn = nn.BatchNorm1d(embed_size, momentum = 0.01)
```

```python
    def forward(self, images):
        """Extract feature vectors from input images."""
        with torch.no_grad():
            features = self.resnet(images)
        features = features.reshape(features.size(0), -1)
        features = self.bn(self.linear(features))
        return features


class DecoderRNN(nn.Module):
    def __init__(self, embed_size, hidden_size, vocab_size, num_layers, max_seq
_length = 20):
        """Set the hyper - parameters and build the layers."""
        super(DecoderRNN, self).__init__()
        self.embed = nn.Embedding(vocab_size, embed_size)
        self.lstm = nn.LSTM(embed_size, hidden_size, num_layers, batch_first
            = True)
        self.linear = nn.Linear(hidden_size, vocab_size)
        self.max_seg_length = max_seq_length

    def forward(self, features, captions, lengths):
        """Decode image feature vectors and generates captions."""
        embeddings = self.embed(captions)
        embeddings = torch.cat((features.unsqueeze(1), embeddings), 1)
        packed = pack_padded_sequence(embeddings, lengths, batch_first =
True)
        hiddens, _ = self.lstm(packed)
        outputs = self.linear(hiddens[0])
        return outputs

    def sample(self, features, states = None):
        """Generate captions for given image features using greedy search."""
        sampled_ids = []
            inputs = features.unsqueeze(1)
    def sample(self, features, states = None):
        """Generate captions for given image features using greedy search."""
```

```
        sampled_ids = [ ]
        inputs = features. unsqueeze(1)
        for i in range(self. max_seg_length):
            hiddens, states = self. lstm(inputs, states)
            outputs = self. linear(hiddens. squeeze(1))
            _, predicted = outputs. max(1)
            sampled_ids. append(predicted)
            inputs = self. embed(predicted)
            inputs = inputs. unsqueeze(1)
        sampled_ids = torch. stack(sampled_ids, 1)
        return sampled_ids
```

文件 "resize. py":

```
import argparse
import os
from PIL import Image


def resize_image(image, size):
    """Resize an image to the given size."""
    return image. resize(size, Image. ANTIALIAS)


def resize_images(image_dir, output_dir, size):
    """Resize the images in 'image_dir' and save into 'output_dir'."""
    if not os. path. exists(output_dir):
        os. makedirs(output_dir)

    images = os. listdir(image_dir)
    num_images = len(images)
    for i, image in enumerate(images):
        with open(os. path. join(image_dir, image), 'r + b') as f:
            with Image. open(f) as img:
                img = resize_image(img, size)
                img. save(os. path. join(output_dir, image), img. format)
        if (i + 1) % 100 = = 0:
```

212

```
                    print ("[{}/{}] Resized the images and saved into '{}'."
                        . format( i + 1, num_images, output_dir))
def main( args) :
    image_dir = args. image_dir
    output_dir = args. output_dir
    image_size = [ args. image_size, args. image_size]
    resize_images( image_dir, output_dir, image_size)

if __name__ == '__main__':
    parser = argparse. ArgumentParser( )
    parser. add_argument( ' - - image_dir', type = str, default = '. /data/train2014/',
                            help = 'directory for train images')
    parser. add_argument ( ' - - output_dir ', type = str, default = '. /data/re-
sized2014/',
                            help = 'directory for saving resized images')
    parser. add_argument( ' - - image_size', type = int, default = 256,
                            help = 'size for image after processing')
    args = parser. parse_args( )
    main( args)
```

文件 "train. py":

```
import argparse
import torch
import torch. nn as nn
import numpy as np
import os
import pickle
from data_loader import get_loader
from build_vocab import Vocabulary
from model import EncoderCNN, DecoderRNN
from torch. nn. utils. rnn import pack_padded_sequence
from torchvision import transforms


# Device configuration
device = torch. device('cuda' if torch. cuda. is_available( ) else 'cpu')
```

深度学习架构与实践

```python
def main(args):
    # Create model directory
    if not os.path.exists(args.model_path):
        os.makedirs(args.model_path)

    # Image preprocessing, normalization for the pretrained resnet
    transform = transforms.Compose([
                    transforms.RandomCrop(args.crop_size),
                    transforms.RandomHorizontalFlip(),
                    transforms.ToTensor(),
                    transforms.Normalize((0.485, 0.456, 0.406),
                    (0.229, 0.224, 0.225))])

    # Load vocabulary wrapper
    with open(args.vocab_path, 'rb') as f:
        vocab = pickle.load(f)

    # Build data loader
    data_loader = get_loader(args.image_dir, args.caption_path, vocab,
                    transform, args.batch_size,
                    shuffle=True, num_workers=args.num_workers)

    # Build the models
    encoder = EncoderCNN(args.embed_size).to(device)
    decoder = DecoderRNN(args.embed_size, args.hidden_size, len(vocab), args.
num_layers).to(device)
    decoder = DecoderRNN(args.embed_size, args.hidden_size, len(vocab), args.
num_layers).to(device)

    # Loss and optimizer
    criterion = nn.CrossEntropyLoss()
    params = list(decoder.parameters()) + list(encoder.linear.parameters())
+ list(encoder.bn.parameters())
    optimizer = torch.optim.Adam(params, lr=args.learning_rate)
```

214

```python
    # Train the models
total_step = len(data_loader)
    for epoch in range(args.num_epochs):
        for i, (images, captions, lengths) in enumerate(data_loader):

            # Set mini-batch dataset
            images = images.to(device)
            captions = captions.to(device)
            targets = pack_padded_sequence(captions, lengths, batch_first =
                                    True)[0]

            # Forward, backward and optimize
            features = encoder(images)
            outputs = decoder(features, captions, lengths)
            loss = criterion(outputs, targets)
            decoder.zero_grad()
            encoder.zero_grad()
            loss.backward()
            optimizer.step()

            # Print log info
            if i % args.log_step == 0:
                print('Epoch [{}/{}], Step [{}/{}], Loss: {:.4f}, Per-
                plexity: {:5.4f}'.format(epoch, args.num_epochs, i, total_
                step, loss.item(), np.exp(loss.item())))

            # Save the model checkpoints
            if (i+1) % args.save_step == 0:
                torch.save(decoder.state_dict(), os.path.join(
                args.model_path, 'decoder-{}-{}.ckpt'.format(epoch+1,
                i+1)))
                torch.save(encoder.state_dict(), os.path.join(
                args.model_path, 'encoder-{}-{}.ckpt'.format(epoch+1,
                i+1)))
            if __name__ == '__main__':
```

```
    parser = argparse. ArgumentParser( )
    parser. add_argument( ' − −model_path', type = str, default ='models/' , help =
'path for saving trained models')
    parser. add_argument( ' − −crop_size', type = int, default =224 , help ='size for
randomly cropping images')
    parser. add_argument( ' − −vocab_path', type = str, default ='data/vocab. pkl',
help ='path for vocabulary wrapper')
    parser. add_argument( ' − −image_dir', type = str, default ='data/resized2014',
help ='directory for resized images')
    parser. add_argument( ' − −caption_path', type = str, default ='data/annotations/
captions_train2014. json', help ='path for train annotation json file')
    parser. add_argument( ' − −log_step', type = int , default =10, help ='step size
for prining log info')
    parser. add_argument( ' − −save_step', type = int , default =1000, help ='step
size for saving trained models')
    # Model parameters
    parser. add_argument( ' − −embed_size', type = int , default =256, help ='di-
mension of word embedding vectors')
    parser. add_argument( ' − −embed_size', type = int , default =256, help ='di-
mension of word embedding vectors')
    parser. add_argument( ' − −hidden_size', type = int , default =512, help ='di-
mension of lstm hidden states')
    parser. add_argument( ' − −num_layers', type = int , default =1, help ='number
of layers in lstm')

    parser. add_argument( ' − −num_epochs', type = int, default =5)
    parser. add_argument( ' − −batch_size', type = int, default =8)
    parser. add_argument( ' − −num_workers', type = int, default =2)
    parser. add_argument( ' − −learning_rate', type = float, default =0. 001)
    args = parser. parse_args( )
    print( args)
    main( args)
```

文件 "sample. py" :

```
import torch
import matplotlib. pyplot as plt
```

```python
import numpy as np
import argparse
import pickle
import os
import time
from torchvision import transforms
from build_vocab import Vocabulary
from model import EncoderCNN, DecoderRNN
from PIL import Image


# Device configuration
device = torch.device('cuda' if torch.cuda.is_available() else 'cpu')
def load_image(image_path, transform=None):
    image = Image.open(image_path)
    image = Image.open(image_path)
    image = image.resize([224, 224], Image.LANCZOS)

    if transform is not None:
        image = transform(image).unsqueeze(0)

    return image
def main(args):
    # Image preprocessing
    transform = transforms.Compose([
    transforms.ToTensor(),
    transforms.Normalize((0.485, 0.456, 0.406), (0.229, 0.224, 0.225))])

    # Load vocabulary wrapper
    with open(args.vocab_path, 'rb') as f:
        vocab = pickle.load(f)

    # Build models
```

217

```
    encoder = EncoderCNN(args.embed_size).eval() # eval mode (batchnorm u-
ses moving mean/variance)
    decoder = DecoderRNN(args.embed_size, args.hidden_size, len(vocab),
args.num_layers)
    encoder = encoder.to(device)
    decoder = decoder.to(device)


    # Load the trained model parameters
    encoder.load_state_dict(torch.load(args.encoder_path))
    decoder.load_state_dict(torch.load(args.decoder_path))
    a = time.time()
    # Prepare an image
    image = load_image(args.image, transform)
    image_tensor = image.to(device)
    image_tensor = image.to(device)
    # Generate an caption from the image
    feature = encoder(image_tensor)
    sampled_ids = decoder.sample(feature)
    sampled_ids = sampled_ids[0].cpu().numpy()
    # Convert word_ids to words
    sampled_caption = []
    for word_id in sampled_ids:
        word = vocab.idx2word[word_id]
    sampled_caption.append(word)
        if word == '<end>':
            break
    sentence = ' '.join(sampled_caption)
    b = time.time()
    # Print out the image and the generated caption
    print(sentence,"inference time:",round((b-a)*1000,2),'ms')
    image = Image.open(args.image)
    plt.imshow(np.asarray(image))
if __name__ == '__main__':
    parser = argparse.ArgumentParser()
```

```
    parser. add_argument('--image', type=str, required=True, help='input im-
age for generating caption')
    parser. add_argument('--encoder_path', type=str, default='models/encoder.
ckpt', help='path for trained encoder')
    parser. add_argument('--decoder_path', type=str, default='models/decoder.
ckpt', help='path for trained decoder')
    parser. add_argument('--vocab_path', type=str, default='data/vocab. pkl',
help='path for vocabulary wrapper')

    # Model parameters (should be same as paramters in train. py)
    parser. add_argument('--embed_size', type=int , default=256, help='di-
mension of word embedding vectors')
    parser. add_argument('--hidden_size', type=int , default=512, help='di-
mension of lstm hidden states')
    parser. add_argument('--num_layers', type=int , default=1, help='number
of layers in lstm')
    args = parser. parse_args()
    main(args)
```

为避免在训练图像描述生成模型的过程中出现过拟合，我们首先在 ImageNet 数据集上训练编码器部分。对 ImageNet 数据集中的输入图像大小进行裁剪，使所有输入图像的格式都为 224 * 224 像素。conv3、conv4 和 conv5 的下采样操作通过 3 × 3 的卷积核进行步长为 2 的卷积操作来实现。在每个卷积层后执行批归一化（BN），在每个 BN 层之后加入激活函数 Relu。

我们采用梯度下降法来优化特征提取模型，其中，批次梯度下降法（BDG）会为每次迭代计算所有实例以实现全局最优，但是要处理大量的数据可能会花费很长时间。因此，针对我们采用的大规模数据集，我们使用 mini-batch 大小为 256 的随机梯度下降法（SDG），SDG 进行每次迭代时会随机地选择一些实例，而不是选择整个数据集，这使得模型的更新和学习变得更快。我们将初始学习率设置为 0.1，随机梯度下降的动量设置为 0.9，权重衰减设置为 0.001。

对从预训练的编码器模型中提取的输入图像的特征向量进行线性变换以匹配解码器的输入尺寸。将 LSTM 隐含层的尺寸设置为 512，单词和图像的嵌入尺寸也设置为 512。在解码器部分引入 BN 层，以加快模型训练的收敛速度。设置模型训练最大迭代周期为 25 个 epoch，当模型的损失函数降至 2 以下并趋于稳定后，我们加入卷积神经网络部分以一起训练。

我们在模型中加入了针对每个图像的生成描述推断时间（Inference Time），如图 11-5 所示，通过对图像进行测试，得出平均推断时间约为 240ms，该时间值在一定程度上受到服务器性能的影响。

```
(test) hs@lhb-ThinkStation-P920:~/pytorch-tutorial/tutor
aptioning$ python sample.py --image='png/20.jpg'
<start> a man and woman sitting on a bench . <end>
 inference time: 254.96 ms
(test) hs@lhb-ThinkStation-P920:~/pytorch-tutorial/tutor
aptioning$ python sample.py --image='png/27.jpg'
<start> a baby is holding a blue and white plate . <end>
 inference time: 235.4 ms
(test) hs@lhb-ThinkStation-P920:~/pytorch-tutorial/tutor
aptioning$ python sample.py --image='png/29.jpg'
<start> a kitchen with a refrigerator and a stove <end>
 inference time: 228.05 ms
```

图 11-5　自动生成图像描述模型测试界面图

图 11-6 所示为 4 张图像的生成描述结果示例，其中，前 3 张为"较好"的生成描述，生成语句符合语法规则，并且与图像内容相匹配，第 4 张为"较差"的生成描述，出现了行为识别的偏差。在测试时，我们将生成描述的最大长度设置为 20 个单词，在复杂的图像场景中，目标识别受到多方面因素的影响，为生成准确完整的图像描述带来一定的挑战，在未来的研究中有待进一步改进。

一群人站在公共汽车旁边的人行道上

推断时间: 254.96ms

一只斑马站在有栅栏的围栏里

推断时间: 233.69ms

一个人在阳光明媚的海面上乘风破浪

推断时间: 220.62ms

三个人正在玩遥控器游戏

推断时间: 235.4ms

图 11-6　自动生成图像描述模型生成结果示例

模型生成结果的不准确性覆盖了很大的区间，从可以忽略的细节错误到与测试图像不相吻合的图像描述。常见的错误包括：描述结果中的单复数错误，缺少视觉时态信息导致动作识别不准确，由关联关系而生成了图像内容中不存在的单词，无法识别不可预见的对象而导致描述不准确。尽管我们采用的模型为第 4 张图片，其生成的描述不够准确，但生成结果仍集中在图像内容的合理范围。我们使用多支路的卷积神经网络来检测图像中的对象，多支路的卷积特性对应的感受野可以覆盖更多的图像细节特征，能够在一定程度上降低生成描述的不准确性。

11.5　实验结果及分析

将我们采用的模型（表 11－3～表 11-5 中表示为 Ours）与以下几种前沿的图像描述生成模型在 Flickr8k、Flickr30k 和 MSCOCO 数据集上进行了比较：1）Deep VS、NIC 和 m－RNN 模型是端到端的多模态网络，它们采用预训练好的卷积神经网络（如 VGG 或 ResNet）作为编码器，并采用循环神经网络作为语言模型。2）Soft－attention 和 Hard－attention 为图像描述生成引入了两种可替代的注意力机制。基于 Soft－attention 的方法是通过标准的反向传播方式训练模型，而基于 Hard－attention 的方法是通过最大化变分下界的方法进行训练。3）Spatial 模型是能够提取空间图像特征的空间注意力机制模型，Adaptive 自适应注意机制模型可以使用视觉标记而不是单个隐藏状态为解码器提供后备选项。4）SCA－CNN 模型在卷积神经网络中结合了空间注意力机制和通道注意力机制，以识别多层特征图中的每个特征条目。在 BLEU、METEOR 和 CIDEr 评价指标上的比较结果见表 11-3、表 11-4 和表 11-5。

表 11-3　Flickr8k 数据集上的模型对比实验结果

Flickr8k				
模型	B@1	B@2	B@3	B@4	METEOR
Deep VS	57.9	38.3	24.5	16.0	—
NIC	63	41	27	—	—
Soft－attention	67.0	44.8	29.9	19.5	18.9
Hard－attention	67.0	44.8	29.9	19.5	18.9
SCA－CNN－VGG	65.5	46.6	32.6	22.8	21.6
SCA－CNN－ResNet	68.2	49.6	35.8	25.8	22.4
Ours	69.9	50.6	36.8	26.5	23.0

在训练语言模型时，对于 Flickr8k，mini－batch 大小为 16，学习率初始化为 0.0001。B@1、B@2、B@3、B@4 分别表示 n－gram 为 1～4 时在 BLEU 评价指

标上的得分。由表 11-3 中的内容分析可得，我们采用的自动生成图像描述模型在 BLEU 评价指标上明显优于 NIC 模型，充分显示了特征提取器的不同对图像标注模型性能的影响。同时，我们采用的模型性能也优于其他图像标注模型，为改进基于编码器－解码器结构的图像描述生成算法提供了不同的思路。

表 11-4　Flickr30k 数据集上的模型对比实验结果

	Flickr30k					
模型	B@1	B@2	B@3	B@4	METEOR	CIDEr
Deep VS	57.3	36.9	24.0	15.7	—	24.7
NIC	66.3	42.3	27.7	17.3	—	—
m－RNN	60	41	28	19	—	—
Soft－attention	66.7	43.3	28.8	19.1	18.5	—
Hard－attention	66.9	43.9	29.6	19.9	18.5	—
SCA－CNN－VGG	64.6	45.3	31.7	21.8	18.8	—
SCA－CNN－ResNet	66.2	46.8	32.5	22.3	19.5	—
Spatial	64.4	46.2	32.7	23.1	20.2	49.3
Adaptive	67.6	49.4	35.4	25.1	20.4	53.1
Ours	69.1	50.6	36.3	26.0	20.9	55.4

表 11-5　MSCOCO 数据集上的模型对比实验结果

	MSCOCO					
模型	B@1	B@2	B@3	B@4	METEOR	CIDEr
Deep VS	62.5	45.0	32.1	23.0	—	66.0
NIC	66.6	46.1	32.9	24.6	—	—
m－RNN	67	49	35	25	—	—
Soft－attention	70.7	49.2	34.4	24.3	23.9	—
Hard－attention	71.8	50.4	35.7	25.0	23.0	—
SCA－CNN－VGG	70.5	53.3	39.7	29.8	24.2	—
SCA－CNN－ResNet	71.9	54.8	41.1	31.1	25.0	—
Spatial	73.4	56.6	41.8	30.4	25.7	102.9
Adaptive	74.2	58.0	43.9	33.2	26.6	108.5
Ours	76.6	60.2	45.3	34.9	27.7	111.8

在表 11-4 和表 11-5 中加入了与 m－RNN 模型和空间注意力机制模型与自适应注意力机制模型的比较。在训练我们的模型时，依据数据集大小的不同，Flickr30k 和 MSCOCO 数据集的 mini－batch 都设置为 64，Flickr30k 的学习率初始

化为 0.0001，MSCOCO 的学习率初始化为 0.0005。

图 11-7、图 11-8 和图 11-9 所示为我们采用的模型与谷歌的 NIC 模型在 BLEU 评价指标上的得分情况，通过在不同数据集上的比较得出我们采用的模型在 MSCOCO 数据集上的评价指标分数提升更为明显。例如在 Flickr8k 数据集上，我们采用的模型比 NIC 模型的分数提升了 10.95%，在 MSCOCO 数据集上，我们采用的模型比 NIC 模型的分数提升了 15.02%。该结果表明在采用大规模的数据集训练我们模型的情况下，增加感受野的方式在更大的数据集中能够获得更多的图像信息，从而有效地提升模型训练效果。

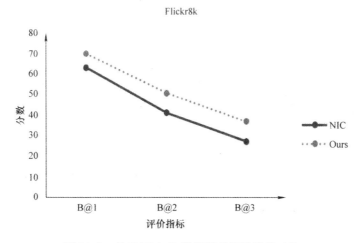

图 11-7　基于 Flickr8k 数据集的评估结果对比

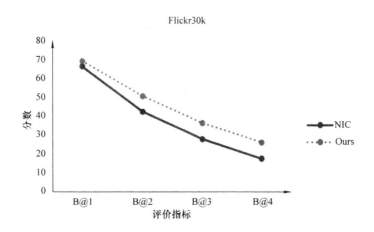

图 11-8　基于 Flickr30k 数据集的评估结果对比

223

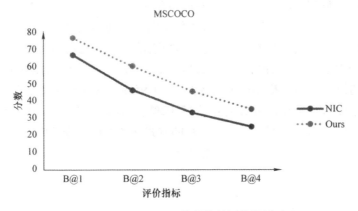

图 11-9　基于 MSCOCO 数据集的评估结果对比

由实验结果可知，我们采用的方法在 3 类评价指标上优于其他图像标注经典方法，验证了改进图像特征提取部分能有效地提升图像描述生成模型的性能。其中，SCA–CNN 模型通过引入注意力机制来改进卷积神经网络，但该方法对神经网络结构的改变在很大程度上增加了模型的复杂度，在将模型应用于其他数据集时所需的参数调整较为复杂。我们的模型通过改进特征提取方式，对于图像中的对象和细节可以实现更准确的识别，能更有效地提取完整的视觉语义信息，从而使生成描述与人工描述更为接近。

第 12 章　唇语识别实例

12.1　唇语识别技术的目标

　　唇语识别技术是计算机视觉中视频理解领域的重要研究方向之一，其目的是通过嘴唇视觉图像的动态变化来识别主要人物表达的内容。深度学习技术可以把不同场景的背景和目标前景分开，提高模型和技术路线的高度统一性，用户可以通过捕捉嘴唇动作来分析目标人员的实时思维。深度学习技术由于避免了复杂繁琐的图像处理、难以训练的分类器和高经验性的特征提取，使其以同种方法和思路应用于不同的场景，可以完成现实中多种场景的应用。本章节重点研究使用深度学习技术解决唇语识别技术中的问题，提出了卷积神经网络（Convolutional Neural Networks，CNN）与基于注意力机制的循环神经网络（Recursive Neural Network，RNN）融合的神经网络架构，并将其应用在唇语识别系统中。具体内容如下：

　　1）原始视频的抽帧与嘴部定位分割等预处理步骤。

　　2）CNN 完成图像特征提取工作。

　　3）RNN 完成具有序列上下文特征的提取工作，并针对序列中的冗余信息，以注意力分配权重的方式有效地削弱对识别结果的负面影响。

　　4）唇语识别系统的设计与实现。融合深度学习技术中图像特征提取的 CNN 和序列关系处理的 RNN，并结合了编码器－解码器思想中注意力机制的理解，共同应用于唇语识别的研究中并构建唇语识别系统。

12.2　特征提取

12.2.1　CNN 的唇部视觉特征提取

　　在唇语识别中，视觉特征提取有着重要的地位，特征提取的优劣严重影响后续时序特征状态与分类结果。特征优劣的定义一般为是否可以描述该特征与同类具有相似性，与异类具有一定的差异性。

CNN 的层级构成大致可分为数据输入层、卷积层、激励层（激活函数）、池化层、全连接层和输出层，下面将主要介绍本章节使用的降维特殊池化层——全局平均池化层（Global Average Pooling，GAP）。

GAP 的操作是提取特征图每层的全局平均后输出一个值，也就是把 $W \times H \times D$ 大小的张量变成 $1 \times 1 \times D$ 的张量。比如一个 $7 \times 7 \times 1024$ 的特征图经过全局平均化的操作后得到 $1 \times 1 \times 1024$ 的特征向量，本章 CNN 特征提取后进行的操作就是全局平均池化计算。这种操作可以使低层网络利用全局信息，具有全局感受野。这种正则化的操作可以避免过拟合、感受全局信息、模型轻盈化和极速高效降维。如图 12-1 所示，对比了两种二维特征的降维方法。

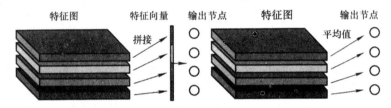

图 12-1　全连接层降维结构与全局平均池化降维结构

12.2.2　RNN 的时序特征提取

RNN 就是以序列数据信息作为输入，在时序关系的演进方向上对所有循环节点进行递归，是按照链式连结方式组成的闭合回路，一般的 RNN 结构如图 12-2 所示。

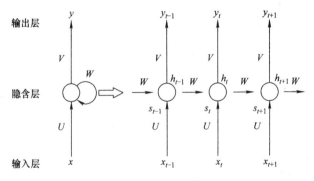

图 12-2　RNN 结构图

从图 12-2 中可知，左侧为 RNN 的典型结构，右侧为在时间序列上展开的结构。RNN 的输入输出分别为隐含层的输出和参数矩阵，RNN 循环单元的传播过程公式如下

$$y_t = \phi(V \cdot f(U \cdot x_t + W \cdot h_{t-1} + b_n) + b_y) \qquad (12.1)$$

式中，h_{t-1} 为时刻 $t-1$ 的隐含层状态；b_n 和 b_y 为偏置；函数 $f(\cdot)$ 和函数 $\phi(\cdot)$ 为激活函数选项，可以为 Relu，也可为 Tanh。

在 RNN 构建的模型中，也会出现梯度消失和梯度爆炸的情况。针对 RNN 不能解决长时间序列之间隐含的相关性问题，长短期记忆结构（Long Short – Term Memory，LSTM）等衍生结构的出现很好地解决了此问题。

唇动视频是由多帧序列图像组成的，其中这多帧视频序列是具有上下文关系的图像序列。针对这种情况，RNN 可以通过序列输入获得具有时间信息的输出结果。LSTM 由 Hochreiter 等人提出，Alex Graves 对此结构进行了改进与优化，在很多实际问题上，LSTM 已经被广泛应用并受到了好评。LSTM 单元结构如图 12-3 所示。

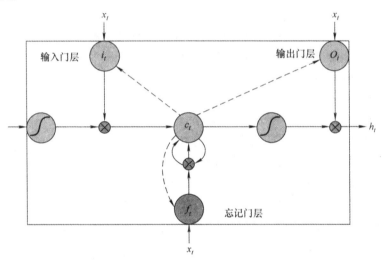

图 12-3   LSTM 单元结构图

如图 12-3 所示，在 LSTM 细胞结构中首先需要确定丢弃的无用信息，然后由"忘记门层"完成信息的遗忘与丢弃任务。该门会读取前一时刻的输出 h_{t-1} 和当前时刻 t 的输入 x_t，归一化后输出一个在 $[0，1]$ 区间内的结果并更新到细胞状态 C_{t-1} 中，计算公式可表示为

$$f_t = \sigma(w_f \cdot [h_{t-1}, x_t] + b_t) \qquad (12.2)$$

式中，σ 是隐含层的激活函数；h_{t-1} 代表 $t-1$ 时刻的隐藏状态；x_t 代表当前 t 时刻的输入；b 代表偏置；f_t 代表 t 时刻"忘记门"输出。

针对前一时刻，已经完成对无用信息丢弃的任务，接下来需要提取新信息中有用的信息并存储到细胞状态中。这里将分为两个步骤处理如何决策有用信息的留存。第一，"输入门层"Sigmoid 将决定更新哪个值，再由激活函数 Tanh 创建新候选向量，并将 $\vec{C_t}$ 状态更新，这时旧细胞状态 C_{t-1} 更新为 C_t 状态；第二，将旧状态与 f_t 乘积的结果作为丢弃的无用信息，然后与 $i_t \times C_t$ 累加得到新的候选值，这个候选值会根据我们决定更新每个时刻的程度进行调整与学习。计算过程可表示为

$$O_t = \sigma(W_0 \cdot [h_{t-1}, x_t] + b_0) \tag{12.3}$$

$$h_t = O_t \cdot \tanh(C_t) \tag{12.4}$$

LSTM 的主要思想就是对细胞状态的更新操作，不断地更新细胞状态使得计算在细胞间传递有用的信息，如同时间一样呈大体链状运行。

12.2.3 特征分类算法 SVM、KNN、Softmax

在深度学习的唇语识别中，对视频帧图像的 CNN 空间特征提取和基于 RNN 的序列特征提取后可以得到视频特征，这些特征为高度抽象的特征序列向量。然后，根据视频特征的差异性与相似性需要进行分类完成唇语识别任务。一般特征分类算法常采用的有：支持向量机算法（Support Vector Machine，SVM）、K 近邻算法（K – Nearest Neighbor，KNN）和 SoftmaxOFTMAX[67] 等。

（1）SVM 分类算法

SVM 模型通过有监督的方式进行分类与回归，通过学习高维特征而生成空间上分开正负数据样本的超平面。换句话说，SVM 算法的本质是求凸二次规划最优解，由 SVM 完成学习后的超平面可以将正负样本线性分类，平面分割线形式如 $w^T x + b = 0$，它使样本距离平面边界尽可能得远，从而提高泛化能力。一般的 SVM 适用于二元分类，而针对多分类问题多次使用 SVM 进行分类即可，如图 12-4 所示为 SVM 的空间超平面图。

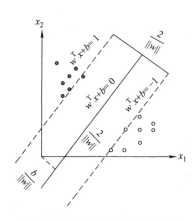

图 12-4 SVM 的空间超平面图

在图 12-4 中，样本中黑色实心的点表示为支持向量机，即满足 $y^n = (w^T x + b) = 1$ 的样本数据点。针对线性不可分样本集合 SVM 引入核函数作用于映射样本空间使样本转换为线性可分。核函数的目的是对现有的原始数据进行升维，在更高的维度空间中呈线性可分状态，即存在一个空间超平面使数据样本可以按照正确的类别分割开。与传统的提高维度不同的是，SVM 并不会因此而增加模型复杂度，公式表示为

$$L(w, b, a) = \frac{1}{2} \|w\|^2 - \sum_i a_i(y_i(<w, x_i> + b) - 1) \tag{12.5}$$

式中，x_i 表示第 i 个样本；拉格朗日乘子 $\alpha_i > 0$，由于满足 Karush – Kuhn – Tucker 条件可知 $w = \sum_j \alpha_i y_i x_i$。那么最优化问题可以表示为

$$\max_a \sum_i a_i - \frac{1}{2} \sum_{ij} a_i a_j y_i y_j (x_i, x_j) \qquad (12.6)$$

式中，$\sum_j a_i y_i = 0$，且可知 w 与样本间特征维度不相关。

（2）KNN 分类算法

KNN 是一种无需训练有监督的分类算法，但需要一定数量的正确数据样本作为支撑的记忆分类算法。本质上是对测试样本在数据集上找到 k 个邻近距离的点，并采取投票机制将类别出现最多次数的类别记为新样本的类别，一般为了避免平票情况取奇数。如图 12-5 所示为 KNN 邻域样本示意图，从图中可以看出正方形类别在邻域内为 1，三角形类别在邻域内为 4。根据投票机制中少数服从多数的原则，最终预测待测样本属于三角形的类别。

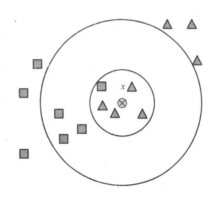

图 12-5　KNN 邻域样本示意图（$k = 5$）

KNN 的关键是距离度量的选取，常用的有曼哈顿距离、欧氏距离和汉明距离。曼哈顿距离（L_1）公式可表示为

$$d_1(I_1, I_2) = \sum_p |I_1^p - I_2^p| \qquad (12.7)$$

式中，p 代表维度；I_1 和 I_2 表示测试样本和数据集样本；d 为距离结果。欧式距离（L_2）公式可表示为

$$d_2(I_1, I_2) = \sqrt{\sum_p (I_1^p - I_2^p)^2} \qquad (12.8)$$

针对离散的特征，可采用汉明距离，其公式可表示为

$$d(I_1, I_2) = \sum_p |I_1 - I_2| \qquad (12.9)$$

式中，当 $I_1 = I_2$ 时，$|I_1 - I_2| = 0$；当 $I_1 \neq I_2$ 时，$|I_1 - I_2| = 1$。

图像上的 KNN 分类很少使用的原因是样本量大分类过程慢、计算存储资源占用过大和样本不均衡的影响。基于深度学习的 KNN 不直接使用像素作为特征，而是根据图像特征提取的高维认知特征进行分类，这类方法不过于受图像平移、透视变换和光线等因素的影响。但对于简单的手写识别任务，KNN 方法具有较高的识别性能。

（3）Softmax 分类算法

在机器学习中，Logistic 和 SVM 等一般是解决二分类问题，多分类也可由多

个二分类组合而成，从数学角度上看，互斥事件选用 Softmax 更佳；非互斥事件则使用 Logistic 或 SVM 等组合分类器。在 Softmax 中，样本属于分类的概率可表示为

$$P(y = j|x) = \frac{e^{x^T w_k}}{\sum_{k=1}^{K} e^{x^T w_k}} \qquad (12.10)$$

其中，Softmax 的损失函数可表示为

$$L(y, y^*) = \sum_i p_i \log \frac{e^{(w_k, x)}}{\sum_{k=1}^{K} e^{(w_k, x)}} \qquad (12.11)$$

式中，k 为类别数；$P \in \{0, 1\}^k$；w 为网络权值。

一般地，输入特征经过特征处理层后由 Softmax 分类器得到概率分布。如图 12-6 所示，3 个类别的概率分别为 0.88、0.10 和 0.02，它们的和为单位 1，可见概率事件是相互独立的。

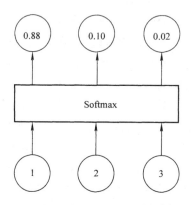

图 12-6　Softmax 分类器得到概率示意图

12.3　唇语识别模型网络架构

12.3.1　抽取视频帧算法与视频唇部区域定位

计算机视觉结合深度学习的任务诸多需要结合现实生活中的真实场景，比如公共领域的人流与车流、轨道交通的异物检测和楼宇人脸比对等项目。唇语识别任务同样是需要在自然环境下进行识别的任务，这不仅要求对于复杂场景的情况下可以很好地分割出前景与背景，还要求对唇部定位准确、抽帧策略合理高效，防止因视频处理算法复杂且低效而对识别唇语的结果造成致命性的影响。

一般情况下，视频采集的数据每秒约有 25 帧，每个发音的长度存在差异，并且实际发音的任何一个单词都有一系列代表嘴唇运动的图像和冗余信息，这两个问题会导致模型在训练过程中特征提取和序列图像的相关性难度大。因此，我们独立设计出一个高效且抗干扰能力强的视频抽取固定帧的算法策略：半随机抽取固定视频帧策略（Semi - random Fixed Frame Extraction Strategy，SFFES）。经过大量的实验研究表明，我们所设计的 SFFES 具有灵活性强、时间复杂度低和抗干扰性强等特点。算法策略的思路是先将视频按照总体视频帧数量进行分区域工作，其具体操作是在已知先验条件所需抽取的固定帧数为 n 的前提下，尽可能平

均每个区域块的区域范围，剩余帧的数量 x 不大于区域块的个数 n，然后前 x 个区域块的范围分别扩大 1 个视频单位。至此，每个区域块的范围已经完成半随机分配，按照正序方法分别堆叠对应区域块内的帧数。

计算过程可用如下公式表示：

$$x = v - \left[\frac{v}{n}\right] \times n \qquad (12.12)$$

$$F = A_{\text{block}_n}^i \qquad (12.13)$$

式中，v 表示被识别视频共有 v 帧；F 表示每个 block 抽取的帧号；$A_{\text{block}_n}^i$ 表示从第 n 个 block 中抽取 i 帧。

唇语识别系统完成识别唇语任务的前提是在自然的场景下，系统可以精准地定位唇部位置，完成唇部图像分割的预处理步骤。在我们的系统中，我们使用了基于 Dlib 库的 68 个人脸关键点检测技术，完成对人脸关键点的坐标提取，然后根据人脸五官的相对位置信息和嘴唇关键点信息，完成对嘴唇的定位工作。Dlib人脸 68 个关键点的分布图如图 12-7 所示。

图 12-7　Dlib 人脸 68 个关键点的分布图

利用 OpenCV 函数库读取图像并存储为三维矩阵。接下来，我们使用人脸 68 个关键点检测的 Dlib 库对人脸关键点进行识别与定位，该人脸关键点检测以人脸图像作为输入，返回的人脸结构由每个具体人脸属性不同的标记点组成，我们选择定位嘴部的 4 个关键点，如图 12-7 所示，标记点标号为：49、52、55、58。通过嘴唇的这 4 个坐标定位嘴唇的中心点坐标，分割出嘴唇部位图像并去除冗余信息，我们根据边界的嘴唇坐标点计算出嘴唇中心位置，记为 $O(x, y)$，令 w 和 h 分别代表嘴巴图像的宽度和高度，L_1 和 L_2 分别代表包围嘴巴的左右和上下分割线，定位方法可表示为

$$L_1 = x_0 \pm \frac{w}{2} \qquad (12.14)$$

$$L_2 = y_0 \pm \frac{h}{2} \tag{12.15}$$

该计算方法具有鲁棒性、计算效率高和特征向量一致性强等特点。图 12-8 所示为自制实验测试集中序列唇动示意图。其中，发音"Three"为男性志愿者发音的视频文件，共有 40 帧，通过 SFFES 算法抽取帧号为 0、5、10、15、19、21、28、30、33、37；发音"Zero"为女性志愿者发音的视频文件，共有 41 帧，通过 SFFES 算法抽取帧号为 4、6、13、14、17、22、25、30、35、38。

a) 发音"Three"视频提取关键帧序列

b) 发音"Zero"视频提取关键帧序列

图 12-8　自制实验测试集中序列唇动示意图

嘴巴部分分割完成之后，我们将得到的原始嘴唇数据集处理成标准的 224 × 224 像素。预处理的嘴巴部位定位和分割过程如图 12-9 所示。

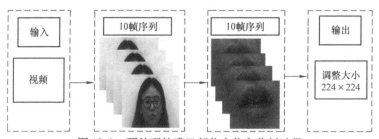

图 12-9　预处理的嘴巴部位定位和分割过程

随机抽取固定长度帧的代码如下：

```
def get_length_10_img(video_img):
    length = len(video_img)
    print(length)
    if length >= 10:
        block_length = int(length/5)
        block = [block_length * (x + 1) for x in range(5)]
        adding_length = length % 5
```

```
                    video_input = [ ]
                    for i in range( adding_length) :
                        block[ - i - 1] + = adding_length - i
                    num_block = get_10_img( block)


                    print( num_block)
                    for i in num_block :
                            video_input. append( video_img[ i] )
            else :
                    length = len( video_img)
                    b_list = range( 0 , length - 1)
                    b1 = np. array( random. sample( b_list, 10 - length) )
                    for i in range( len( b1) ) :
                        b1[ i] + = i
                    for i in b1 :
                        video_img. insert( b1, video_img[ b1] )
                        video_input = video_img
            return video_input
    def get_10_img( block) :
        c1 = np. array( random. sample( range( 0 , block[ 0] ) , 2) )
        for i in range( 4) :
                b_list = range( block[ i] + 1, block[ i + 1] )
                b1 = np. array( random. sample( b_list, 2) )
                c1 = np. append( c1, b1)
        return np. sort( c1)
```

233

12. 3. 2　图像特征提取网络架构

　　MobileNet 是一种线型结构的轻量级深层神经网络。它的特点是具有深度可分离卷积（Depthwise Separable Convolution，DSC）的结构，这种结构取代了如 VGG 等网络的标准卷积，解决了卷积网络计算效率和参数量过大的问题。DSC 是将标准卷积分解成两个部分：深度卷积和逐点卷积，它是 MobileNet 大部分神经系列网络结构的一个关键组成部分。其中，MobileNet 的思想就是由深度卷积和逐点卷积构成的单元结构来替代原本的完全卷积算子，将卷积分解成为两个单独的层。第一层如图 12-10a 所示，反方向卷积通过卷积滤波器应用在每个输入通道上来完成过滤的操作，这个操作相比于原本的卷积是很轻量级的过滤；第二层如图 12-10c 所示,逐点卷积计算输入通道的线性组合,增加了网络的非线性拟合能力,并且可以创建新特性,它是由 1×1 卷积构成的结构。图 12-10a 为原始的标准卷积滤波器。

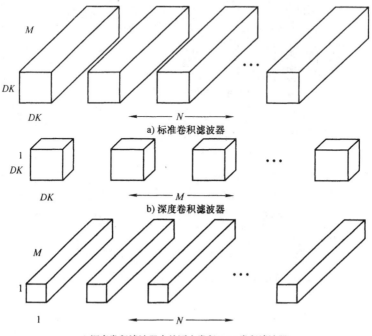

a) 标准卷积滤波器

b) 深度卷积滤波器

c) 深度卷积滤波器中的逐点卷积(1×1卷积滤波器)

图 12-10   深度级可分离卷积的核心思想与标准卷积的对比

12.3.3   基于注意力机制的时间特征提取架构

一般情况下,对于视频任务会选择使用前几节介绍的 LSTM 结构(RNN)来完成对唇动时间特征提取。但是在实验与仿真过程中,我们发现对于一个视频来说,开始节点与结束节点的若干帧很有可能是噪声,因此为了使识别唇语视频过程中可以更好地关注我们想要的关键帧,可以在 LSTM 上增加注意力机制,模型图如图 12-11 所示。通过此机制,针对不同时刻 t 都可以产生相应的权重参数,从而将这些带有权重的图像特征输入 LSTM 中学习这段时间序列图像的动态时间特征,进而进行对唇语的预测与识别,即取 MobileNet 的 FC 层输出,经过全局平均池化层(Global Average Pooling, GAP)将输出映射成 1×1024 长度,然后依次将特征输入给 LSTM 完成序列特征提取的任务。

CNN 与 LSTM 网络融合的核心思想是将卷积神经网络提取出空间特征得到固定长度的特征向量,有序地输入给 LSTM 网络进行时序特征的学习,最终得到视

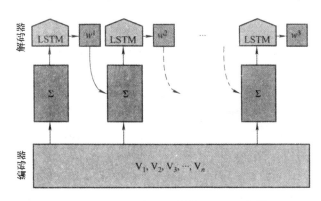

图 12-11 基于注意力机制的 LSTM 网络模型

频内容的预测结果。因此,我们可以将 CNN 看作编码网络,LSTM 网络看作解码网络。注意力机制应用在解码网络过程中,通过迭代循环不断地学习注意力权重,使模型注意力放在整个视频的有效区域。对视频中每一个时刻 t 的特征向量进行加权,然后将所有视频序列 v 同时作为 LSTM 网络的输入。权重学习与 LSTM 网络上一个时刻 t 的单元状态和当前时刻 t 的输入特征向量有关。

当前时刻的注意力权重越大,该时刻的内容与整个视频所表达的内容就越紧密。那么对于时刻增加注意力机制的 LSTM 网络的输入可表示为

$$h_t = \in f_{nm}(h_{t-1}, \sum_{t=1}^{T_x} a_{t,j} \cdot v_i) \tag{12.16}$$

式中,f_{nm} 为 LSTM 的一个单元结构;$\sum_{t=1}^{T_x} a_{t,j} \cdot v_i$ 为增加注意力权重后的时刻 t 的输入。注意力的计算根据以上数学方法推导,经过不断地迭代和学习,最终可以得到适当的注意力分配参数矩阵。也就意味着,此时已经完成对视频内容识别的注意力权重分配。在当前计算机硬件性能成倍增长的发展阶段,注意力机制所增加的计算量已经可以忽略不计,但是它可以选择有效的视频信息,降低噪声对视频内容的干扰,从而使网络模型的性能得到显著的提升。

12.3.4 唇语识别模型与整体识别流程

通过前几节我们所提出的 SFFES 算法获得视频中抽取的固定长度的帧序列,然后依次输入给 CNN 特征提取网络中将获取的高维图像特征提取出来,通过注意力分配特征权重,依次放入基于注意力机制的 RNN 中学习时间视频序列特征。图 12-12 所示为本实例设计的 CNN 与基于注意力的 RNN 融合模型算法框架图。

整体的算法识别过程可以分成 4 个阶段来完成:

1)视频的处理与图像调整。通过前面介绍的视频处理方法 SFFES,可以将视频抽取固定长度的视频帧,然后再确定嘴唇位置,重新设置大小为 224×224

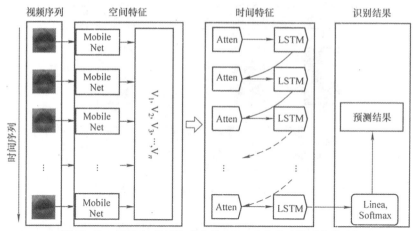

图 12-12　CNN 与基于注意力的 RNN 融合模型算法框架图

的 RGB 彩色图像输入尺寸。

2）CNN 空间特征提取成高维特征向量。将第 1 阶段得到的固定长度的嘴唇序列图像输入 MobileNet 生成代表着视频空间特征信息高维度的特征向量。

3）增加注意力分配权重的特征输入丢入 LSTM 网络中提取唇动图像序列时间特征。这 1 阶段的主要目的是分配注意力权重并提取时间特征，动态地调整权重参数，并学习到时间特征。

4）将提取好的时间特征输入全连接层完成分类预测任务。由于分类是逆事件，因此激活函数选择使用 Softmax 更为合适，预测结果中概率最大的为模型的识别结果。

模型初始化代码如下：

```
def init_rnn():
    rnn = RNN(input_rnn_size, hidden_size, num_layers, num_classes)

    #rnn.load_state_dict(torch.load('alexnet.pkl'))

    rnn.load_state_dict(torch.load('models/alex_580.pkl', map_location = torch.device('cpu')))
    return rnn
def get_rnn(inputs, rnn):
    outputs = F.softmax(rnn(inputs)[0], dim = 1)
    maxk = max((3,)) #取 top1 准确率,若取 top1 和 top5 准确率改为 max((1,5))
```

```
        p_result, pred = outputs.topk(maxk, 1, True, True)
        #p_result = outputs.sort()[:3]
        return pred, p_result


    def init_cnn():
        rnn = init_rnn()
        vgg = models.alexnet(pretrained = True)
        vgg.classifier = nn.Sequential(*list(vgg.classifier.children())[:2])
        print("Finish Loading Model!")
        return vgg, rnn
```

过程可视化代码为:

```
    def visible_processing(self):
        video_pic = []
        for i in range(10):
            video_pic.append(cv2.imread("./temp//" + "vis_" + str(i +
1).zfill(2) + '.jpg'))
            video_pic = np.array(video_pic)
            vis_face = cv2.resize(self.img_2_10img(video_pic), (160 * 5,
50), interpolation = cv2.INTER_CUBIC)
            ui.label_1.setPixmap(self.opencv2qtpic(vis_face))
            video_pic = []


            for i in range(10):
                video_pic.append(cv2.imread("./temp//" + str(i + 1).zfill
(2) + '.jpg'))
            video_pic = np.array(video_pic)
            vis_mouth = cv2.resize(self.img_2_10img(video_pic), (160 *
5, 50), interpolation = cv2.INTER_CUBIC)
            ui.label_2.setPixmap(self.opencv2qtpic(vis_mouth))
            vis_conv1 = cv2.resize(self.img_2_10img(get_visible.get_conv1
()), (160 * 5, 50), interpolation = cv2.INTER_CUBIC)
            ui.label_3.setPixmap(self.opencv2qtpic(vis_conv1))
            vis_fc6 = cv2.resize(self.img_2_10img(get_visible.get_conv2()),
(160 * 5, 50), interpolation = cv2.INTER_CUBIC)
```

```
        ui. label_4. setPixmap( self. opencv2qtpic( vis_fc6))
        vis_fc7 = cv2. resize( self. img_2_10img( get_visable. get_fc7( )), (900,
100), interpolation = cv2. INTER_CUBIC)
        ui. label_5. setPixmap( self. opencv2qtpic( vis_fc7))
        vis_lstm = cv2. resize( self. img_2_10img( get_visable. get_lstm_vis( self.
vgg, self. rnn)), (900, 100), interpolation = cv2. INTER_CUBIC)
        ui. label_6. setPixmap( self. opencv2qtpic( vis_lstm))
        print("Finish Visable!")
    #使用 qt 格式的图像需要转换格式:
    def opencv2qtpic( self, img):
        height, width, bytesPerComponent = img. shape
        bytesPerLine = 3 * width
        cv2. cvtColor( img, cv2. COLOR_BGR2RGB, img)
        QImg = QImage( img. data, width, height, bytesPerLine, QImage. Format_
RGB888)
        pixmap = QPixmap. fromImage( QImg)
        return pixmap
```

对唇读模型进行测试与样例识别代码:

```
from lstm_attention import *
import load_img_2_tensor_test
import numpy as np
path = './data/3/3 - 33/'
rnn = RNN( input_rnn_size, hidden_size, num_layers, num_classes)
rnn = rnn. cuda( ). half( )
rnn. load_state_dict( torch. load( 'vgg16_lstm. pkl'))
_inputs = load_img_2_tensor_test. load_img_to_lstm( path). cuda( ). half( )
_outputs = rnn( _inputs. float( ))
predict = torch. max( _outputs. cpu( ), 1)[1]
print("识别结果为:", predict[0]. detach( ). numpy( ))
```

12.4 实验结果及分析

12.4.1 数据集与预处理

根据实际应用需求，我们建立了一个基于各种场景下的亚洲唇语视频数据库，为作为本实验研究与设计实现唇语识别系统的使用提供数据依靠。数据集由男女各 3 人组成，年龄段为青年与中年均有，环境为室内采光环境，人脸正对摄像设备并且人脸约占画面的 60%～80%。视频内容为英文数字发音 zero、one、two、three、four、five、six、seven、eight、nine。每种单词发音录制 100 遍/人。在未进行数据增广的情况下，原始数据集样本总量为 6000 个视频片段，其中帧率为 25～30Fps，每个独立发音的时长为 1～2s。自制数据集兼顾各个年龄阶段和性别问题，在一定环境下具有很好的通用性，图 12-13 所示为唇部发音片段预处理数据图。

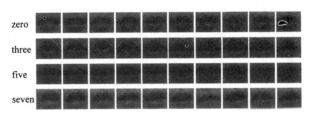

图 12-13 唇部发音片段预处理数据图

12.4.2 实验结果

模型的评价指标选用准确率和召回率作为唇读识别结果的重要指标；训练模型过程中的评价选用损失函数作为评价结果。准确率和召回率可以引入如表 12-1 所示的混淆矩阵解释。

表 12-1 模型评价的混淆矩阵

真实情况		预测情况	
		正例	负例
	正确	TP	FN
	错误	FP	TN

准确率的计算公式为

$$Accuracy = \frac{TP + TN}{TP + TN + FN + FP} \times 100\% \qquad (12.17)$$

239

召回率的计算公式为

$$\text{Recall} = \frac{\text{TP}}{\text{TP} + \text{FN}} \tag{12.18}$$

损失函数的计算公式为

$$\text{Loss} = -\sum_{i=1}^{N} y^{(i)} \log \hat{y}^{(i)} + (1 - \hat{y}) \log (1 - \hat{y}^{(i)}) \tag{12.19}$$

式中，Accuracy 表示准确率；TP 表示真正例；TN 表示真负例；Recall 表示召回率；FN 表示假负例；$y^{(i)}$ 表示真实样本结果；$\hat{y}$ 表示预测结果。

在数据准备就绪和模型构造完成之后，我们首先需要关注模型在训练的过程中是否收敛。当超参数经验值设置不当或者模型构造不够合理时模型很难收敛，从而导致模型不工作。因此本次训练过程中记录了不同时期训练集与测试集的损失函数变化曲线，通过此曲线可以得出本章提出的算法模型是否能学习到数据集的特性，从而评估算法收敛性。

为了看出损失函数的变化趋势，我们对实验进行了 70 轮次的记录，每迭代一次则记录一次结果。图 12-14 所示为不同时期损失函数的变化曲线，其中 1 次迭代代表将整个数据集训练一遍的轮次，一般情况下训练 10 轮次左右后，大多数数据集都会收敛完成，继续训练可能会导致过拟合。

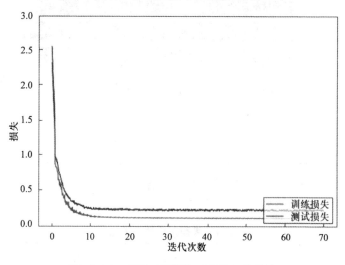

图 12-14　不同时期损失函数的变化曲线

可以看出，在迭代约为 15 次的时候趋于稳定，此时模型已达到最优解，并且在后续训练学习过程中不断地振荡，说明已经到达了模型学习的极限。由于更新参数是依据训练集进行更新迭代的，因此训练集的损失会相对小于测试集，同时训练集和测试集损失均随着训练迭代次数而逐渐收敛，说明数据集没有存在异常问题并且模型在唇语识别上表现良好。至此，可以得出自制数据集和模型均可工作的结论。

　　在验证模型已经收敛之后，我们对本章提出的基于注意力机制的 CNN –
LSTM 模型在测试集进一步地测试其性能。图 12-15 所示为不同时期的准确率曲
线，其中每迭代一次则进行一次记录。为了对比模型性能的提升，我们用实验对
比了 CNN – LSTM 网络模型，这样通过控制变量的方法可以得出引入注意力机制
对模型性能的提升。整体的训练趋势和损失函数趋势相吻合，在迭代约为 15 次
的时候趋于稳定，说明在训练过程中参数更新后不断地接近模型最优解，并且此
时已达到最优。同时，基础网络 CNN – LSTM 模型在准确性能上较差于本网络，
说明注意力机制可以很好地理解视频关键帧并减弱序列图像噪声。至此，可以得
出注意力机制在模型性能上有着很好的提升和鲁棒性。

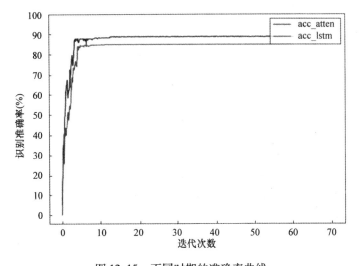

图 12-15　不同时期的准确率曲线

　　可以从图 12-15 看出，本章引入注意力机制的方法在整体性能上优于一般融
合神经网络的方法，并且随着训练的持续，准确率上升趋势明显。由于本章的方
法需要计算注意力权重的分配，因此在开始学习阶段准确率会抖动明显，说明注
意力权重还未学习完成，需要继续训练模型参数，最后迭代约为 15 次时，本章
所使用的方法基本完成训练。虽然整体性能较优于一般的融合神经网络，但对于
部分类别的性能是否优异并不能得出结论。

　　我们对每个英文纯数字发音预测结果分别进行了对比，并做出如图 12-16 所
示的准确率统计结果。实验结果表明，在每个数字发音的结果上，基于注意力机
制的 CNN – LSTM 模型较优于 CNN – LSTM 模型。对比每个独立发音的结果，发
音 "two"、发音 "four" 和发音 "nine" 性能提升明显，这说明在单音节发音的
单词视频中更容易出现噪声，导致结果识别不好，当把视频噪声减弱后模型的性

能得到了很大的提升。而对于复杂唇动的发音"five"和发音"one"则提升得不是很明显，同时说明视频噪声和学习时间特征比较困难。发音"zero"的嘴唇动作变化较小，且发音过程中舌动为关键因素，因此模型预测起来比较困难。

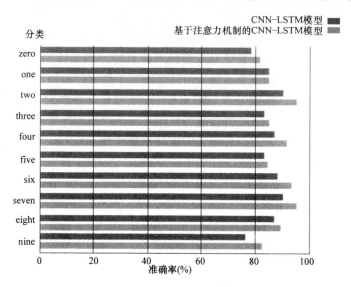

图 12-16 各独立数字发音视频片段准确率

从损失函数、整体测试集准确率和召回率等评价指标上可以看出，本模型可以完成视频唇语识别的预测任务。在性能上也可以发现，引入注意力机制可以更好地学习视频中的特征，减少冗余信息对识别结果的干扰，达到了抑制视频噪声的要求。同时也说明模型存在冗余信息过多的风险点，因此，在设计系统和实际应用上需要考虑此种情况对识别结果的影响。

12.4.3 可视化分析

（1）图像特征提取的可视化分析

由固定长度帧经 CNN 进行序列图像特征提取，再通过全局平均池化层和激活函数 Relu 后将非正特征置零。图 12-17 所示为提取嘴唇图像序列到预测出结果过程中关键帧序列的特征向量。

（2）注意力权重和时序特征的可视化分析

在经过图像特征提取后，需要分配注意力权重才可以输入给 LSTM 网络进行时间特征的学习。图 12-18 所示为注意力权重分配的特征图，颜色越深代表分配的权重越大，说明该关键帧在视频内容的识别上至关重要。对于一个待识别视频，注意力分配给每个时刻的权重并不会放大它的值域，简而言之，它的注意力权重分配和为 1。

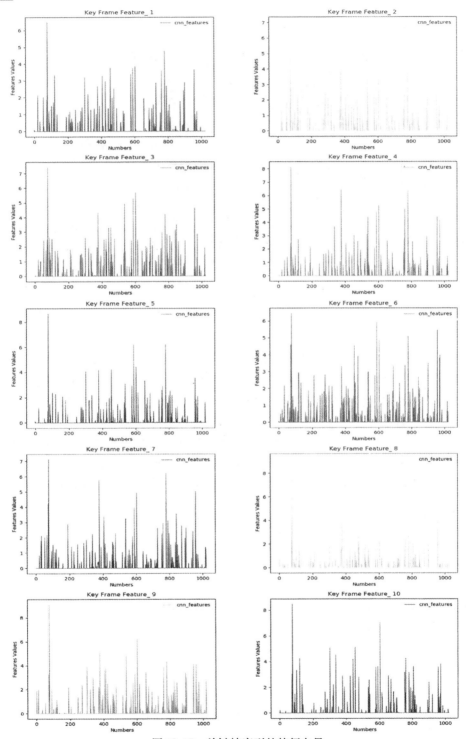

图 12-17　关键帧序列的特征向量

发音分类

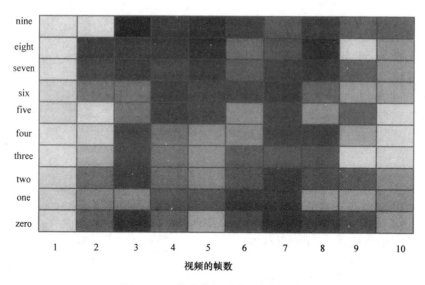

图 12-18　注意力权重分配的特征图

可以看出，注意力一般分配在第 3 帧与第 8 帧权重较大附近，而第 1 帧和第 10 帧分配较少的权重。这说明视频在开始与结束阶段存在冗余信息和一些视频噪声干扰，在第 3 帧和第 8 帧附近为发音的关键时期，这些帧的唇动更加能表现出测试志愿者的发音内容，因此注意力权重分配增加。

在大部分发音上，测试结果遵循我们所述的状态。但是可以看出在测试过程中，发音"three"、发音"four"和发音"zero"的注意力权重在第 1 帧上明显高于其他同时刻的发音，说明基于注意力机制的 CNN – LSTM 模型还可以进一步对原始数据和模型进行深度的探究，提升模型在不同场景下的泛化能力，序列图像时序特征提取结果如图 12-19 所示。

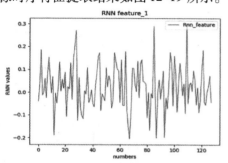

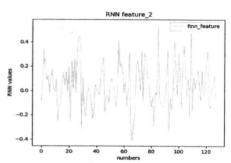

图 12-19　序列图像时序特征提取结果

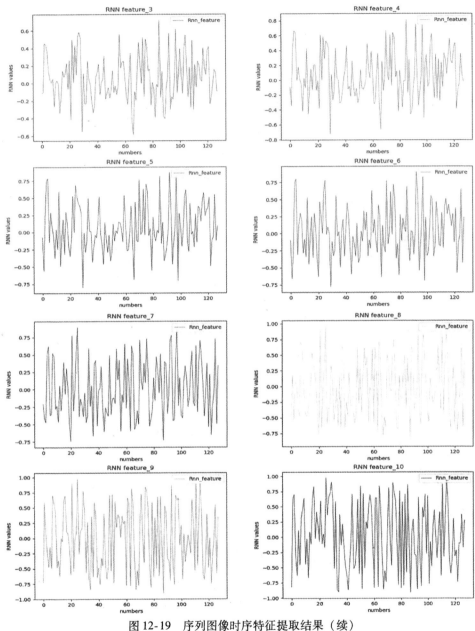

图 12-19　序列图像时序特征提取结果（续）

　　总体上，RNN 在学习序列特征上不断调整和学习，验证了注意力的分配相对比较合理，针对不同的发音，权重分配大小也不尽相同。在不同的测试视频上，注意力起到了关注关键帧的作用，为识别唇语视频片段带来了正导向的作用，从而提升了在不同场景的识别。

参 考 文 献

[1] 人工智能知识分享之机器学习和深度学习的区别与联系［OL］．［2017 - 10 - 28］．http：//www.elecfans.com/d/571523.html.

[2] 杨朴舟．基于神经网络的短文本分类研究［D］．兰州：兰州交通大学，2019.

[3] 胡婧，覃婷婷，成孝刚，等．一种基于深度学习的智能室内入侵检测方法及系统：201610705858.7［P］．2016 - 08 - 23.

[4] 2018 年人工智能核心产业发展白皮书［OL］．（2018 - 11）［2019 - 10 - 22］．https：//max.book118.com/html/2019/1022/5242131102002142.shtm.

[5] 深度学习概论［OL］．（2015 - 10 - 19）．https：//blog.csdn.Net/u011584941/article/details/49245867.

[6] 鄢华．模糊深度学习网络算法的研究［D］．哈尔滨：哈尔滨工业大学，2012.

[7] 李岩．基于深度学习的短文本分析与计算方法研究［D］．北京：北京科技大学，2016.

[8] 杜骞．深度学习在图像语义分类中的应用［D］．武汉：华中师范大学，2014.

[9] 艾飞玲，马圆，田思佳，等．深度学习在医学图像分析中的研究进展［J］．北京生物医学工程，2018，37（4）：107 - 112.

[10] 林妙真．基于深度学习的人脸识别研究［D］．大连：大连理工大学，2013.

[11] 机器学习的数学基础［OL］．［2017 - 11 - 10］．https：//blog.csdn.net/dxx707099957/article/details/78497959？utm_source = blogxgwz（ ）.

[12] 唐雨．工业控制网络的异常检测方法研究［D］．阜新：辽宁工程技术大学，2019.

[13] 王晨聪．碳纤维复合材料红外无损检测技术研究［D］．成都：电子科技大学，2019.

[14] 樊雪莹．深度学习在文章编辑中智能语义检查算法的研究［D］．西安：西安理工大学，2019.

[15] 概率与信息论［OL］．（2019 - 09 - 21）．https：//wenku.baidu.com/view/452e89b3ac02de80d4d8d15abe23482fb5da0216.Html.

[16] 张国洲．基于 CycleGAN 的字体风格转移算法及其应用［D］．成都：西华大学，2019.

[17] 来学伟．非结构化建模面临的挑战研究［J］．数码世界，2019（11）：238 - 239.

[18] 李智诚，张云翔．面向电力行业的智能会议录音回溯系统［J］．现代计算机，2020（21）：38 - 40，46.

[19] 尹宝才，王文通，王立春．深度学习研究综述［J］．北京工业大学学报，2015，41（1）：48 - 59.

[20] 王兆国．Android 恶意应用程序检测技术研究［D］．哈尔滨：哈尔滨工业大学，2017.

[21] 曹霆．基于三维点云及图像数据的路面裂缝检测关键技术研究［D］．西安：长安大学，2018.

[22] 深度学习概述［OL］．（2016 - 11 - 28）．https：//blog.csdn.net/lyy14011305/article/details/53377664.

[23] 唐福辉．基于深度学习的视觉目标跟踪算法研究［D］．上海：上海交通大学，2019.

［24］陈超宇．基于信息融合与深度学习的滚动轴承诊断研究［D］．郑州：郑州大学，2018．

［25］张艳秋．基于消费行为分析的高速公路服务区合理规模研究［D］．重庆：重庆交通大学，2019．

［26］徐凌宇，张高唯，江湾湾，等．深度学习神经网络及其在海洋环境信息挖掘预测中的应用［J］．海洋信息，2018，33（01）：17－23．

［27］陈德鑫．基于深度学习的在线医疗信息抽取研究［D］．武汉：武汉大学，2017．

［28］蒋政．人脸识别中特征提取算法的研究与实现［D］．南京：南京邮电大学，2016．

［29］张坤．城轨列车走行部滚动轴承故障诊断算法研究［D］．北京：北京交通大学，2015．

［30］胡静．基于深度学习的轨迹位置预测算法研究［D］．沈阳：沈阳理工大学，2020．

［31］轩萱．深度学习在短时交通流预测中的应用研究［D］．北京：北京理工大学，2016．

［32］杨军．基于多模态特征融合的人体行为识别［D］．湘潭：湘潭大学，2019．

［33］详解循环神经网络［OL］．（2017－06－18）．https：//blog.csdn.net/ aliceyangxi1987/article/details/73421556．

［34］陈学良．基于深度学习的负荷预测和用户侧光储动态优化策略的研究［D］．北京：北京交通大学，2019．

［35］循环神经网络［OL］．（2018－08－17）．https：//www.cnblogs.com/tu6ge/p/ 9492338.html．

［36］许立鹏．基于语言特征的中文微博自杀意念检测方法研究［D］．太原：中北大学，2019．

［37］刘晓辉．基于ArcGIS的北美地区臭氧时空特征分析［D］．阜新：辽宁工程技术大学，2011．

［38］Numpy 矩阵处理［OL］．https：//blog.csdn.net/bluebelfast/article/ details/17999783．

［39］徐崇宇．Numpy 入门基础中文教程［OL］．https：//max.book118.com/html/2019/ 0717/5320343230002104.shtm．

［40］深度学习之 Numpy 基础入门教程［OL］．https：//zhuanlan.zhihu.com/p/208529178．

［41］NumPy 教程［OL］．https：//www.runoob.com/numpy/numpy－tutorial.html．

［42］Informix 数据库函数库及其用法［OL］．（2004－07－19）．http：//www.360doc.com/content/ 09/0224/15/90415_2632126.shtml．

［43］Ivan Idris.Python 数据分析实战［M］．冯博，严嘉阳，译．北京：机械工业出版社，2017．

［44］杨明芬，吴旭，阚瑷珂，等．基于大数据分析的文本智能识别系统的研究［J］．西藏科技，2018，306（09）：76－82．

［45］李河伟．一种移动式 TensorFlow 平台的卷积神经网络设计方法［J］．电脑知识与技术，2017，13（22）：179－182．

［46］韩俊．基于深度学习的面向聋哑人多源声音识别算法研究［D］．西安：西安电子科技大学，2017．

［47］向国勇．基于空间调制的空时编码技术研究［D］．重庆：重庆邮电大学，2018．

［48］梓翔.CS224d－Day 2：深度学习与自然语言处理［OL］．（2017－02－25）．https：// blog.csdn.net/hxyshare/article/details/57075203？spm＝1001.2014.3001.5502．

［49］JB 的 Python 之旅 – 人工智能篇 – TensorFlow 基础概念［OL］．（2018 – 06 – 15）．https：//blog. csdn. net/weixin_34220179/article/details/87994349.

［50］孙泽禹．基于 tensorflow 的手写数字识别［D］．长春：长春理工大学，2019.

［51］骆伟岸．面向机器视觉应用的智能光源设计与优化研究［D］．广州：广东工业大学，2018.

［52］朱鹏程．基于机器学习的地表覆盖图片建库及自动识别方法研究［D］．徐州：中国矿业大学，2019.

［53］骆伟岸．面向机器视觉应用的智能光源设计与优化研究［D］．广州：广东工业大学，2018.

［54］马金伟．基于深度学习的心电信号识别分类算法研究［D］．重庆：重庆理工大学，2019.

［55］马然．基于深度学习的自然场景文本识别系统的设计与实现［D］．长春：吉林大学，2015.

［56］深度学习（三）theano 入门学习［OL］．（2015 – 07 – 08）. http：//blog. csdn. net/hjimce/article/details/46806923.

［57］Theano 入门——卷积神经网络［OL］．（2015 – 10 – 12）. https：//blog. csdn. net/shadow_guo/article/details/49055823？spm = 1001. 2014. 3001. 5502.

［58］深度学习之三：RNN［OL］．（2016 – 05 – 06）. https：//blog. csdn. net/u010223750/article/details/51334470？spm = 1001. 2014. 3001. 5502.

［59］深度学习之四：使用 Theano 编写神经网络［OL］．（2016 – 05 – 06）. https：//blog. csdn. net/u010223750/article/details/51334470？spm = 1001. 2014. 3001. 5502.

［60］caffe 学习笔记 8 – caffe 网络层类型［OL］．（2017 – 03 – 05）. https：//blog. csdn. net/yiliang_/article/details/60465866.

［61］郑大刚．基于深度学习的人脸识别研究及其实现［D］．南京：南京理工大学，2017.

［62］张志文．卷积神经网络的研究及其在字符识别中的应用［D］．鞍山：辽宁科技大学，2018.

［63］逯杉婷．机器人草坪杂草识别算法研究［D］．石家庄：河北科技大学，2019.

［64］楼佳珍．基于深度学习的图像描述生成［D］．西安：西安电子科技大学，2018.

［65］施佳航．基于 Attention 自动编码机制的图像自动评论方法研究［D］．南昌：江西师范大学，2019.

［66］张大千．基于深度神经网络的图像描述系统设计与实现［D］．武汉：华中科技大学，2016.

［67］孙冬梅，张飞飞，毛启容．标签引导的生成对抗网络人脸表情识别域适应方法［J］．计算机工程，2020，46（5）：267 – 273，281.